高等院校计算机规划教材·多媒体系列

Premiere Pro CC
中文版应用教程

张 凡 ◆ 编著

中国铁道出版社有限公司
CHINA RAILWAY PUBLISHING HOUSE CO., LTD.

内容简介

本书属实例教程类图书。全书分为9章，包括视频剪辑的基础理论、Premiere Pro CC 2018操作基础、视频过渡的应用、视频效果的应用、字幕的应用、蒙版和校色、获取和编辑音频、视频影片的输出和综合实例等内容。

本书定位准确、教学内容新颖、深度适当。在编写形式上完全按照教学规律编写，非常适合实际教学。书中理论和实践的比例恰当，教材、资源素材两者之间互相呼应，相辅相成，为教学和实践提供了极其方便的条件，特别适合应用型高等教育注重实际能力的培养目标，具有很强的实用性。

本书适合作为高等院校的教材，也可作为社会培训班的教材及后期制作和剪辑爱好者的自学参考书。

图书在版编目（CIP）数据

Premiere Pro CC 中文版应用教程 / 张凡编著.—北京：中国铁道出版社有限公司，2023.2
高等院校计算机规划教材.多媒体系列
ISBN 978-7-113-29879-1

Ⅰ.① P… Ⅱ.①张… Ⅲ.①视频编辑软件－高等学校－教材 Ⅳ.① TN94

中国版本图书馆 CIP 数据核字（2022）第 227845 号

书　　名：Premiere Pro CC 中文版应用教程
作　　者：张　凡

策　　划：汪　敏　　　　　　　编辑部电话：（010）51873628
责任编辑：汪　敏
封面设计：崔　欣
封面制作：刘　颖
责任校对：安海燕
责任印制：樊启鹏

出版发行：中国铁道出版社有限公司（100054，北京市西城区右安门西街8号）
网　　址：http://www.tdpress.com/51eds/
印　　刷：三河市燕山印刷有限公司
版　　次：2023年2月第1版　2023年2月第1次印刷
开　　本：880 mm×1 230 mm 1/16　印张：18.5　字数：535 千
书　　号：ISBN 978-7-113-29879-1
定　　价：49.80 元

版权所有　侵权必究

凡购买铁道版图书，如有印制质量问题，请与本社教材图书营销部联系调换。电话：（010）63550836
打击盗版举报电话：（010）63549461

前　言

Premiere Pro CC 2018 是由 Adobe 公司开发的视频编辑软件，使用它不仅可以编辑和制作电影、DV、栏目包装、字幕、网络视频、演示、电子相册等，还可以编辑音频内容。目前随着计算机硬件的不断升级以及 Premiere 强大的功能和易用性，在全球备受青睐。

本书属于实例教程类图书，全书分为 9 章，每章前面为基础知识讲解，后面为具体实例应用。本书的主要内容如下：

第 1 章：视频剪辑的基础理论。主要讲解了视频剪辑相应的理论和视频编辑知识。

第 2 章：Premiere Pro CC 2018 操作基础。讲解了关于 Premiere Pro CC 2018 基本操作方面的相关知识，并理论联系实际，通过两个实例具体讲解 Premiere Pro CC 2018 基础操作在视频编缉中的具体应用。

第 3 章：视频过渡的应用。讲解了 Premiere Pro CC 2018 有关视频切换方面的相关知识，并理论联系实际，通过 4 个实例具体讲解 Premiere Pro CC 2018 的视频切换在视频编缉中的具体应用。

第 4 章：视频效果的应用。讲解了 Premiere Pro CC 2018 有关视频特效方面的相关知识，并理论联系实际，通过 6 个实例具体讲解 Premiere Pro CC 2018 的视频特效在视频编缉中的具体应用。

第 5 章：字幕的应用。讲解了字幕的创建、编辑和动态字幕方面的相关知识，并理论联系实际，通过 6 个实例具体讲解 Premiere Pro CC 2018 的字幕在视频编缉中的具体应用。

第 6 章：蒙版和校色。讲解了 Premiere Pro CC 2018 蒙版和校色的相关知识，并理论联系实际，通过 7 个实例具体讲解 Premiere Pro CC 2018 的蒙版和校色的具体应用。

第 7 章：获取和编辑音频。讲解了 Premiere Pro CC 2018 音频方面的相关知识，并理论联系实际，通过 7 个实例具体讲解 Premiere Pro CC 2018 的音频编辑的具体应用。

第 8 章：视频影片的输出。讲解了利用 Premiere Pro CC 2018 进行视频影片输出方面的相关知识。

第 9 章：综合实例。综合利用前面各章的知识，通过 3 个实例的具体讲解，帮助读者独立完成相关的剪辑操作。

本书是"设计软件教师协会"推出的系列教材之一，实例内容丰富、结构清晰、实例典型、讲解详尽、富于启发性。全部实例都是由多所院校（中央美术学院、北京师范大学、清华大学美术学院、北京电影学院、中国传媒大学、天津美术学院、天津师范大学艺术学院、首都师范大学、山东理工大学艺术学院、河北职业艺术学院）具有丰富教学经验的知名教师和一线优秀设计人员从长期教学和实际工作中总结出来的，每个实例都包括制作要点和操作步骤两部分。为了便于读者学习，每章最后还有课后练习，同时配套资源中含有全部实例高清晰度的教学视频文件和相关电子课件。

本书适合作为高等院校相关专业师生或社会培训班的教材，也可作为后期制作和剪辑爱好者的自学用书和参考书。

编者

2022 年 9 月

目 录

第 1 章 视频剪辑的基础理论 ... 1

1.1 视频编辑的基本概念 ... 1
- 1.1.1 视频画面的运动原理 ... 1
- 1.1.2 数字视频 ... 1
- 1.1.3 帧、场与扫描方式 ... 2
- 1.1.4 分辨率与像素宽高比 ... 3
- 1.1.5 数字压缩 ... 3
- 1.1.6 电视制式 ... 3

1.2 镜头组接的基础知识 ... 4
- 1.2.1 镜头组接规律 ... 4
- 1.2.2 镜头组接的节奏 ... 5
- 1.2.3 镜头组接的时间长度 ... 5

1.3 数字视频和音频格式 ... 6
- 1.3.1 常见的视频格式 ... 6
- 1.3.2 常见的音频格式 ... 7

1.4 数字视频编辑基础 ... 7
- 1.4.1 线性编辑与非线性编辑 ... 7
- 1.4.2 非线性编辑系统的构成 ... 8

课后练习 ... 8

第 2 章 Premiere Pro CC 2018 操作基础 ... 9

2.1 Premiere Pro CC 2018 的启动以及创建项目和序列 ... 9
2.2 Premiere Pro CC 2018 的操作界面 ... 12
2.3 素材的导入 ... 22
- 2.3.1 可导入的素材类型 ... 22
- 2.3.2 导入素材 ... 22
- 2.3.3 设置图像素材的时间长度 ... 24

2.4 素材的编辑 25
2.4.1 将素材添加到"时间轴"面板中 25
2.4.2 设置素材的入点和出点 25
2.4.3 插入和覆盖素材 27
2.4.4 提升和提取素材 28
2.4.5 分离和链接素材 29
2.4.6 编辑标记 30
2.4.7 修改素材的播放速率 31
2.5 编组与嵌套 32
2.6 创建新元素 32
2.6.1 通用倒计时片头 32
2.6.2 彩条 34
2.6.3 黑场视频 34
2.6.4 颜色遮罩 34
2.7 添加运动效果 35
2.7.1 使用关键帧 36
2.7.2 运动效果的添加 38
2.8 添加透明效果 44
2.8.1 显示透明控制 44
2.8.2 使用"效果控件"面板 46
2.9 改变素材的混合模式 47
2.10 脱机文件 48
2.11 打包项目素材 49
2.12 实例讲解 49
2.12.1 制作时间穿梭效果 49
2.12.2 制作玻璃划过效果 52
课后练习 57

第3章 视频过渡的应用 59
3.1 视频过渡的设置 59
3.1.1 视频过渡的基本功能 59
3.1.2 添加视频过渡 59

3.1.3　改变视频过渡的设置 60
　　　3.1.4　清除和替换视频过渡 62
　3.2　视频过渡的分类 62
　　　3.2.1　3D 运动 62
　　　3.2.2　划像 63
　　　3.2.3　溶解 64
　　　3.2.4　擦除 66
　　　3.2.5　滑动 70
　　　3.2.6　缩放 71
　　　3.2.7　页面剥落 71
　　　3.2.8　沉浸式视频 72
　3.3　实例讲解 74
　　　3.3.1　制作划出线效果 75
　　　3.3.2　制作地标建筑视频展示效果 77
　　　3.3.3　制作自定义视频过渡效果 82
　　　3.3.4　制作多层切换效果 86
　课后练习 94

第 4 章　视频效果的应用 95
　4.1　视频效果的设置 95
　　　4.1.1　添加视频效果 95
　　　4.1.2　编辑视频效果 96
　4.2　视频效果的分类 97
　　　4.2.1　变换 97
　　　4.2.2　图像控制 99
　　　4.2.3　实用程序 101
　　　4.2.4　扭曲 102
　　　4.2.5　时间 106
　　　4.2.6　杂色与颗粒 106
　　　4.2.7　模糊与锐化 109
　　　4.2.8　沉浸式视频 112
　　　4.2.9　生成 115

		4.2.10	颜色校正	120
		4.2.11	视频	124
		4.2.12	调整	126
		4.2.13	过时	129
		4.2.14	过渡	133
		4.2.15	透视	137
		4.2.16	通道	141
		4.2.17	键控	144
		4.2.18	风格化	148
	4.3	实例讲解		153
		4.3.1	制作动态的水中倒影效果	153
		4.3.2	制作画中画效果	157
		4.3.3	制作彩色视频切换为线描视频效果	160
		4.3.4	制作水墨画效果	163
		4.3.5	制作影片中的帧定格效果	167
		4.3.6	制作局部马赛克效果	171
	课后练习			175
第5章	字幕的应用			177
	5.1	初识字幕		177
		5.1.1	字幕的创建	177
		5.1.2	旧版字幕设计窗口的布局	178
	5.2	创建文本字幕		182
		5.2.1	创建水平文本字幕	182
		5.2.2	创建垂直文本字幕	183
		5.2.3	创建路径文本字幕	183
	5.3	字幕效果的编辑		183
	5.4	创建动态字幕		186
		5.4.1	创建游动字幕	186
		5.4.2	创建滚动字幕	187
	5.5	实例讲解		188
		5.5.1	制作文字扫光效果	188

    5.5.2 制作水波纹文字效果..192
    5.5.3 制作遮罩文字效果..195
    5.5.4 制作底片效果..198
    5.5.5 制作金属扫光文字效果..202
    5.5.6 制作文字片头动画..205
  课后练习..217

第6章 蒙版和校色..218
  6.1 蒙版..218
  6.2 调整与校正画面色彩..219
    6.2.1 颜色模式..220
    6.2.2 "Limetri 颜色"面板..221
  6.3 实例讲解..224
    6.3.1 制作变色的汽车效果..224
    6.3.2 制作黑白视频逐渐过渡到彩色视频效果..................................226
    6.3.3 去除移动镜头画面中多余的人物..229
    6.3.4 制作虚化背景效果..232
    6.3.5 制作视频基本校色实例1..234
    6.3.6 制作视频基本校色实例2..237
    6.3.7 制作视频基本校色实例3..240
  课后练习..242

第7章 获取和编辑音频..244
  7.1 音频概述..244
    7.1.1 了解声音..244
    7.1.2 音频信号的数字化处理技术..245
  7.2 导入和添加音频素材..246
    7.2.1 导入音频素材..246
    7.2.2 在"时间轴"面板中添加音频素材..247
  7.3 编辑音频素材..247
    7.3.1 调整音频持续时间和播放速度..247
    7.3.2 调节音频增益..248
    7.3.3 音频素材的音量控制..249

7.4 使用"音轨混合器"面板 249
7.5 分离和链接视音频 251
7.6 音频过渡与音频效果 251
 7.6.1 应用音频过渡 251
 7.6.2 应用音频效果 252
7.7 实例讲解 253
 7.7.1 制作耳机播放音乐效果 253
 7.7.2 制作音频断电效果 253
 7.7.3 制作旧电台的播音效果 255
 7.7.4 制作快速统一音量效果 256
 7.7.5 制作左右声道互换效果 257
 7.7.6 制作打电话的声音效果 258
 7.7.7 制作水中声音效果 260
课后练习 262

第 8 章 视频影片的输出 263

8.1 输出影片 263
8.2 输出单帧画面 265
8.3 单独输出音频 265
课后练习 266

第 9 章 综合实例 267

9.1 制作手掌 X 光的扫描效果 267
9.2 制作光芒文字效果 271
9.3 制作片尾滚动字幕效果 278
课后练习 285

附录 常用快捷键 286

视频剪辑的基础理论 第1章

本章重点

随着数字技术的兴起，影片剪辑早已由直接剪接胶片演变为借助计算机进行数字化编辑的阶段。然而，无论是通过怎样的方法来编辑视频，其实质都是组接视频片段的过程。不过，要怎样组接这些片段才能符合人们的逻辑思维，并使其具有艺术性和欣赏性，便需要视频编辑人员掌握相应的理论和视频编辑知识。通过本章的学习，读者应掌握以下内容：

- 掌握视频编辑的基本概念；
- 掌握镜头组接的基本知识；
- 掌握常用数字视频和音频格式；
- 掌握线性编辑和非线性编辑的相关知识。

1.1 视频编辑的基本概念

在视频编辑的过程中，根据编辑对象的特点及最终完成作品的内容属性，需要经常用到一些基本概念，下面进行具体讲解。

1.1.1 视频画面的运动原理

视频的概念最早源于电视系统，是指由一系列静止图像所组成，但能够通过快速播放使其"运动"起来的影像记录技术。也就是说，视频本身不过是一系列静止图像的组合而已，它是通过多幅内容相近的画面被快速、连续播放时，在人类大脑产生的"视觉滞留"原理的影响下认为画面中的内容在运动。所谓"视觉滞留"原理就是当眼前物体的位置发生变化时，该物体反映在视网膜上的影像不会立即消失，而是会短暂滞留一段时间。

1.1.2 数字视频

数字视频的形成过程是：先用摄像机之类的视频捕捉设备，将外界影像的颜色和亮度信息转变为电信号，然后将其记录到存储介质（如录像带）中。在播放时，视频信号被转变为帧信息，并以约30帧/s的速度投影到显示器上，使人类的眼睛误认为它是连续不间断地运动着的。如果用示波器（一种测试工具）来观看，未投影的模拟电信号的山峰和山谷必须通过数字/模拟（D/A）转换器来转变为数字的"0"或"1"，这个转变过程称为视频捕捉（或采集过程）。要在电视机上观看数字视频，需要一个从数字信号到模拟信号的转换器，将二进制信息解码成模拟信号。

1. 模拟信号

传统的模拟摄像机是把实际生活中看到、听到的内容录制成模拟格式。如果是用模拟摄像机或者其他模拟设备（使用录像带）进行制作，还需要能将模拟视频数字化的捕获设备，一般计算机中安装的视频捕获卡就是起这种作用的。模拟视频捕捉卡有很多种，它们之间的差异表现在可以数字化的视频信号的类型、被数字化视频的品质等方面。Premiere 或者其他软件都可以进行数字化制作。一旦视频被数字化之后，就可以使用 Premiere、After Effects 或者其他软件在计算机中进行编辑。编辑结束以后，为了方便，也可以再次通过视频进行输出。在输出时，可以使用 Web 数字格式，或者 VHS、Beta-SP 等模拟格式。

2. 数字信号

随着数码摄像机价格的不断下调，其使用也越来越普及。使用数码摄像机可以把录制方式保存为数字格式，然后将数字信息载入计算机中进行制作。使用最广泛的数码摄像机采用的是 DV 格式。将 DV 传送到计算机上要比模拟视频更加简单，因为视频保存方式已经被数字化。所以，只需要一个连接计算机和数据的通路即可。最常见的连接方式是使用 IEEE 1394 卡，使用 DV 设备的用户普遍使用这种格式。当然，也可以通过其他方式接收，不过这个方法是最普通、最常用的。

1.1.3 帧、场与扫描方式

帧、场和扫描方式这些词汇都是视频编辑中常出现的专业术语，它们之间的共同特点是都与视频播放息息相关。

1. 帧

视频是由一幅幅静态画面所组成的图像序列，而组成视频的每一幅静态图像便被称为"帧"。也就是说，帧是视频（包含动画）内的单幅影像画面，相当于电影胶片上的每一格影像，以往人们常常说到的"逐帧播放"指的便是逐幅画面地查看视频。

在播放视频的过程中，播放效果的流畅程度取决于静态图像在单位时间内的播放数量，即"帧速率"，其单位是帧/s。目前，电影画面的帧速率是 24 帧/s，而电视画面的帧速率则为 25 帧/s 或 30 帧/s。

2. 隔行扫描与逐行扫描

扫描方式是指电视机在播放视频画面时采用的播放方式。电视机的显像原理是通过电子枪发射高速电子来扫描显像管，并最终使显像管上的荧光粉发光成像。在这一过程中，电子枪扫描图像的方法有隔行扫描和逐行扫描两种。

1）隔行扫描

隔行扫描是指电子枪首先扫描图像的奇数行（或偶数行），当图像内所有奇数行（或偶数行）扫描完成后，再使用相同方法逐次扫描偶数行（或奇数行）。

2）逐行扫描

逐行扫描是在显示图像的过程中，采用每行图像依次扫描的方法播放视频画面。

早期由于技术的原因，逐行扫描整幅画面的时间要大于荧光粉从发光到衰减所消耗的时间，因此会造成人眼的视觉闪烁感。在不得已的情况下，只有采用一种折中的方法，即隔行扫描。在视觉滞留现象的帮助下，人眼并不会注意到图像每次只显示一半，因此，隔行扫描很好地解决了视频画面的闪烁问题。然而随着显示技术的不断增强，逐行扫描会引起视觉不适的问题已经解决。此外由于逐行扫描的显示质量要优先于隔行扫描，因此隔行扫描技术已逐渐被淘汰。

3．场

在采用隔行扫描方式进行播放的显示设备中，每一帧画面都会被拆分开进行显示，而拆分后得到的残缺画面即称为"场"。也就是说，视频画面播放为30帧/s的显示设备，实质上每秒需要播放60场画面；而对于25帧/s的显示设备来说，其每秒需要播放50场画面。

这一过程中，一副画面内被首先显示的场称为"上场"，而紧随其后进行显示的、组成该画面的另一个场称为"下场"。

1.1.4 分辨率与像素宽高比

分辨率和像素都是影响视频质量的重要因素，与视频的播放效果有着密切联系。

1．像素与分辨率

在电视机、计算机显示器及其他类似的显示设备中，像素是组成图像的最小单位，而每个像素则由多个（通常为3个）不同颜色（通常为红、绿、蓝）的点组成。分辨率是指屏幕上像素的数量，通常用"水平方向像素数量×垂直方向像素数量"的方式表示，例如1 920×1 080、720×480、720×576等。

像素与分辨率对视频质量的正面影响在于每幅视频画面的分辨率越大，像素数量越多，整个视频的清晰度也就越高。这是因为，一个像素在同一时间内只能显示一种颜色，因此在画面尺寸相同的情况下，拥有较大分辨率（像素数量多）图像的显示效果也就越为细腻，相应的影像也就越为清晰；反之视频画面便会模糊不清。

2．帧宽高比与像素宽高比

帧宽高比即视频画面的长宽比例，目前电视画面的宽高比通常为4∶3，电影画面的宽高比则为16∶9。至于像素宽高比，则是指视频画面内每个像素的长宽比，具体比例由视频所采用的视频标准来决定。

不过，由于不同设备在播放视频画面时的像素宽高比有所差别，因此当某一显示设备在播放与其像素宽高比不同的视频时，就必须对图像进行矫正操作。否则，视频画面的播放效果便会较原效果产生一定的变形。

1.1.5 数字压缩

数据压缩也称编码技术，准确地说，应该称为数字编码、解码技术，是将图像或者声音的模拟信号转换为数字信号，并可将数字信号重新转换为声音或图像的解码器综合体。

随着科技的不断发展，原始信息往往很大，不利于存储、处理和传输。而使用压缩技术可以有效地节省存储空间，缩短处理时间，节约传送通道。一般数据压缩有两种方法：一种是无损压缩，是将相同或相似的数据根据特征归类，用较少的数据量描述原始数据，达到较少数据量的目的；另一种是有损压缩，是有针对性地简化不重要的数据，减少总的数据量。

目前常用的影像压缩格式有MOV、MPG、QuickTime等。

1.1.6 电视制式

在电视中播放的电视节目都是经过视频编辑处理得到的。由于世界上各个国家对电视影像制定的标准不同，其制式也有一定的区别。电视制式的出现，保证了电视机、视频及视频播放设备之间所用标准的统一或兼容，为电视行业的发展做出了极大的贡献。目前世界上的电视制式分为NTSC制式、PAL制式和SECAM制式3种。在Premiere Pro CC 2018中新建视频项目时，也需要对视频制式进行具体设置。

1. NTSC 制式

NTSC 制式是由美国国家电视标准委员会（National Television System Committee）制定的，主要应用于美国、加拿大、日本、韩国、菲律宾等国家。该制式采用了正交平衡调幅的技术方式，因此 NTSC 制式也称正交平衡调幅制电视信号标准。该制式的优点是视频播出端的接收电路较为简单。不过，由于 NTSC 制式存在相位容易失真、色彩不太稳定（易偏色）等缺点，因而此类电视都会提供一个手动控制的色调电路供用户选择。

符合 NTSC 制式的视频播放设备至少拥有 525 行扫描线，分辨率为 720×480，工作时采用隔行扫描方式进行播放，帧速率为 29.97 帧/s，因此每秒播放 60 场画面。

2. PAL 制式

PAL 制式是在 NTSC 制式基础上的一种改进方案，其目的主要是克服 NTSC 制式对相位失真的敏感性。PAL 制式的原理是将电视信号内的两个色差信号分别采用逐行倒相和正交调制的方法进行传送。这样一来，当信号在传输过程中出现相位失真时，便会由于相邻两行信号的相位相反而起到互相补偿的作用，从而有效地克服了因相位失真而引起的色彩变化。此外，PAL 制式在传输时受多径接收而出现彩色重影的影响也较小。不过，PAL 制式的编/解码器较 NTSC 制式的相应设备要复杂许多，信号处理也较麻烦，接收设备的造价也较高。

PAL 制式也采用了隔行扫描的方式进行播放，共有 625 行扫描线，分辨率为 720×576，帧速率为 25 帧/s。目前，PAL 彩色电视制式广泛应用于德国、中国、英国、意大利等国家。然而即便采用的都是 PAL 制式，不同国家和地区的 PAL 制式电视信号也有一定的差别。例如，我国采用的是 PAL-D 制式，英国使用的是 PAL-I 制式，新加坡使用的是 PAL-B/G 或 D/K 制式等。

3. SECAM 制式

SECAM 制式意为"顺序传送彩色信号与存储恢复彩色信号制"，是由法国在 1966 年制定的一种彩色电视制式。与 PAL 制式相同的是，该制式也克服了 NTSC 制式相位易失真的缺点，但在色度信号的传输与调制方式上却与前两者有着较大差别。总体来说，SECAM 制式的特点是彩色效果好、抗干扰能力强，但兼容性相对较差。

在使用中，SECAM 制式同样采用了隔行扫描的方式进行播放，共有 625 行扫描线。分辨率 720×576，帧速率与 PAL 制式相同。目前，该制式主要应用于俄罗斯、法国、埃及、罗马尼亚等国家。

1.2 镜头组接的基础知识

无论是怎样的影视作品，结构上都是将一系列镜头按一定次序组接后所形成的。然而，这些镜头之所以能够延续下来，并使观众将它们接受为一个完整融合的统一体，是因为这些镜头间的发展和变化秉承了一定的规律。

1.2.1 镜头组接规律

为了清楚地向观众传达某种思想或信息，组接镜头时必须遵循一定的规律，归纳后可分为以下几点：

1. 符合观众的思维方式与影片表现规律

镜头的组接必须要符合生活与思维的逻辑关系。如果影片没有按照上述原则进行编排，必然会由于逻辑关系的颠倒而使观众难以理解。

2．景别的变化要采用"循序渐进"的方法

通常来说，一个场景内"景"的发展不宜过分剧烈，否则便不易与其他镜头进行组接。相反，如果"景"的变化不大，同时拍摄角度的变换也不大，也不利于同其他镜头的组接。

例如，在编排同机位、同景别，恰巧又是同一主体的两个镜头时，由于画面内景物的变化较小，因此将两镜头简单组接后会给人一种镜头不停重复的感觉。在这种情况下，除了重新进行拍摄外，还可采用过渡镜头，使表演者的位置、动作发生变化后再进行组接。

3．镜头组接中的拍摄方向与轴线规律

所谓"轴线规律"，是指在多个镜头中，摄像机的位置应始终位于主体运动轴线的同一线，以保证不同镜头内的主体在运动时能够保持一致的运动方向。否则，在组接镜头时，便会出现主体"撞车"的现象，此时的两组镜头便互为跳轴画面。在视频的后期编辑过程中，跳轴画面除了特殊需要外基本无法与其他镜头相组接。

4．遵循"动接动""静接静"的原则

当两个镜头内的主体始终处于运动状态，且动作较为连贯时，可以将动作与动作组接在一起，从而达到顺畅过渡、简洁过渡的目的，该组接方法称为"动接动"。

与之相应的是，如果两个镜头的主体运动不连贯，或者它们的画面之间有停顿时，则必须在前一个镜头内的主体完成一套动作后，才能与第二个镜头相组接，并且第二个镜头必须是从静止的镜头开始，该组接方法便称为"静接静"。在"静接静"的组接过程中，前一个镜头结尾停止的片刻叫"落幅"，后一个镜头开始时静止的片刻叫"起幅"，起幅与落幅的时间间隔大约为1~2s。此外，在将运动镜头和固定镜头相互组接时，同样需要遵循这个规律。例如，一个固定镜头需要与一个摇镜头相组接时，摇镜头开始要有"起幅"；当摇镜头要与固定镜头组接时，摇镜头结束时必须要有"落幅"，否则组接后的画面便会给人一种跳动的视觉感。

> **提示**
>
> 摇镜头是指在拍摄时，摄像机的机位不动，只有机身做上、下、左、右的旋转等运动。在影视创作中，摇镜头可用于介绍环境、从一个被摄主体向另一个被摄主体、表现人物运动、表现剧中人物的主观视线、表现剧中人物的内心感受等。

1.2.2 镜头组接的节奏

在一部影视作品中，作品的题材、样式、风格，以及情节的环境气氛、人物的情绪、情节的起伏跌宕等元素都是确定影片节奏的依据。然而，要想让观众能够很直观地感觉到这一节奏，不仅需要通过演员的表演、镜头的转换和运动，以及场景的时空变化等前期制作因素，还需要运用组接的手段，严格掌握镜头的尺寸、数量与顺序，并在删除多余枝节后才能完成。也就是说，镜头组接是控制影片节奏的最后一个环节。

1.2.3 镜头组接的时间长度

在剪辑、组接镜头时，每个镜头停滞时间的长短，不仅要根据内容难易程度和观众的接受能力来决定，还要考虑到画面构图及画面内容等因素。例如，在处理远景、中景等包含内容较多的镜头时，便需要安排相对较长的时间，以便观众看清这些画面上的内容；对于近景、特定等空间较小的画面，由于画面内容较少，因此可适当减少镜头的停留时间。

此外，画面内的一些其他因素也会对镜头停留时间的长短起到制约作用。例如，画面内较亮的部分往往比较暗的部分更能引起人们的注意，因此在表现较亮部分时可适当减少停留时间；如果要

表现较暗的部分，则应适当延长镜头的停留时间。

1.3 数字视频和音频格式

非线性编辑的出现，使得视频影像的处理方式进入了数字时代。与之相应的是，影像的数字化记录方法也更加多样化，下面介绍一些目前常见的视频和音频格式。

1.3.1 常见的视频格式

随着视频编码技术的不断发展，视频文件的格式种类也不断增多。为了更好地编辑影片，必须熟悉各种常见的视频格式，以便在编辑影片时能够灵活使用不同格式的视频素材，或者根据需要将制作好的影视作品输出为最为适合的视频格式。

1．MPEG/MPG/DAT

MPEG/MPG/DAT类型的视频文件都是由MPEG编码技术压缩而成的视频文件，被广泛应用于VCD/DVD和HDTV的视频编辑与处理等方面。其中，VCD内的视频文件由MPEG-1编码技术压缩而成（刻录软件会自动将MPEG-1编码的视频文件转换为DAT格式），DVD内的视频文件则由MPEG-2压缩而成。

2．MP4

MP4格式就是MPEG-4，文件扩展名为.mp4。它包含了MPEG-1及MPEG-2的绝大部分功能及其他格式的长处，并加入和扩充了对虚拟现实模型语言（VirtualReality Modeling Language，VRML）的支持，面向对象的合成档案（包括音效、视讯及VRML对象），以及数字版权管理（DRM）及其他互动功能。MPEG-4比MPEG-2更先进的特点就是不再使用宏区做影像分析，而是以影像上个体为变化记录，因此在影像变化速度很快、码率不足时，也不会出现马赛克画面。

3．AVI

AVI是由微软公司所研发的视频格式，其优点是允许影像的视频部分和音频部分交错在一起同步播放，调用方便、图像质量好，缺点是文件体积过于庞大。

4．MOV

MOV是由Apple公司所研发的一种视频格式，是QuickTime音/视频软件的配套格式。在MOV格式刚刚出现时，该格式的视频文件仅能够在Apple公司所生产的Mac机上进行播放。此后，Apple公司推出了基于Windows操作系统的QuickTime软件，MOV格式也逐渐成为使用较为广泛的视频文件格式。

5．RM/RMVB

RM/RMVB是按照Real Networks公司所制定的音频/视频压缩规范而创建的视频文件格式。其中，RM格式的视频文件只适于本地播放，而RMVB除了能够进行本地播放外，还可通过互联网进行流式播放，从而使用户只需进行极短时间的缓冲，便可不间断地长时间欣赏影视节目。

6．WMV

WMV是一种可在互联网上实时传播的视频文件类型，其主要优点在于：可扩充的媒体类型、本地或网络回放、可伸缩的媒体类型、流的优先级化、多语言支持、扩展性等。

7．ASF

ASF（Advanced Streaming Format，高级流格式）是微软公司为了和Real Networks公司竞争而发

展出来的一种可直接在网上观看视频节目的文件压缩格式。ASF使用了MPEG-4压缩算法，其压缩率和图像的质量都很不错。

1.3.2 常见的音频格式

在影视作品中，除了使用影视素材外，还需要为其添加相应的音频文件。

1. WAV

WAV音频文件也称为波形文件，是Windows本身存放数字声音的标准格式。WAV音频文件是目前最具通用性的一种数字声音文件格式，几乎所有音频处理软件都支持WAV格式。由于该格式文件存放的是没有经过压缩处理，而直接对声音信号进行采样得到的音频数据，所以WAV音频文件的音质在各种音频文件中是最好的，同时它的体积也是最大的，1分钟CD音质的WAV音频文件大约有10 MB。由于WAV音频文件的体积过于庞大，所以不适合于在网络上进行传播。

2. MP3

MP3（MPEG-Audio Layer3）是一种采用了有损压缩算法的音频文件格式。由于MP3在采用心理声学编码技术的同时结合了人们的听觉原理，因此剔除了某些人耳分辨不出的音频信号，从而实现了高达1∶12或1∶14的压缩比。

此外，MP3还可以根据不同需要采用不同的采样率进行编码，如96 kbit/s、112 kbit/s、128 kbit/s等。其中，使用128 kbit/s采样率所获得MP3的音质非常接近于CD音质，但其大小仅为CD音乐的1/10，因此成为目前最为流行的一种音乐文件。

3. WMA

WMA是微软公司为了与Real Networks公司的RA以及MP3竞争而研发的新一代数字音频压缩技术，其全称为Windows Media Audio,特点是同时兼顾了高保真度和网络传输需求。从压缩比来看，WMA比MP3更优秀，同样音质的WMA文件的大小是MP3格式的一半或更少，而相同大小的WMA文件又比RA的音质要好。总体来说，WMA音频文件既适合在网络上用于数字音频的实时播放，同时也适用于在本地计算机上进行音乐回放。

4. MIDI

严格来说，MIDI并不是一种数字音频文件格式，而是电子乐器与计算机之间进行的一种通信标准。在MIDI文件中，不同乐器的音色都被事先采集下来，每种音色都有一个唯一的编号，当所有参数都编码完毕后，就得到了MIDI音色表。在播放时，计算机软件即可通过参照MIDI音色表的方式将MIDI文件数据还原为电子音乐。

1.4 数字视频编辑基础

现阶段，人们在使用影像建制设备获取视频后，通常还要对其进行剪切、重新编排等一系列处理，然后才会将其用于播出。在上述过程中，对源视频进行的剪切、编排及其他操作统称为视频编辑操作，而用户以数字方式来完成这一任务时，整个过程便称为数字视频编辑。

1.4.1 线性编辑与非线性编辑

在电影电视的发展过程中，视频节目的制作先后经历了"物理剪辑"、"电子编辑"和"数字编辑"3个不同发展阶段，其编辑方式也先后出现了线性编辑和非线性编辑。下面将分别介绍这两种不同的视频编辑方式。

1. 线性编辑

线性编辑又称在线编辑，是指直接通过放像机和录像机的母带对模拟影像进行连接、编辑的方式。传统的电视编辑就属于此类编辑。采用这种方式，如果要在编辑好的录像带上插入或删除视频片断，则插入点或删除点以后的所有视频片断都要重新移动一次，在操作上很不方便。

2. 非线性编辑

非线性编辑是指在计算机中利用数字信息进行的视频\音频编辑。选取数字视频素材的方法主要有两种：一种是先将录像带上的片断采集下来，即把模拟信号转换为数字信号，然后存储到计算机中进行特效处理，最后再输出为影片；另一种是利用数码摄像机（即DV摄像机）直接拍摄得到数字视频，此时拍摄的内容会直接转换为数字信号，然后在拍摄完成后，将需要的片断输入到计算机中即可。Premiere属于非线性编辑软件。

1.4.2 非线性编辑系统的构成

非线性编辑的实现，要靠软件与硬件两方面的共同支持，而两者间的组合便称为非线性编辑系统。目前，一套完整的非线性编辑系统，其硬件部分至少应包括一台多媒体计算机，此外还需要视频卡、IEEE 1394卡以及其他专用板卡（如特技卡）和外围设备。其中，视频卡用于采集和输出模拟视频，也就是担负着模拟视频与数字视频之间相互转换的功能。

从软件上看，非线性编辑系统主要由非线性编辑软件、二维动画软件、三维动画软件、图像处理软件和音频处理软件等外围软件构成。

提示

至今，随着计算机硬件性能的提高，编辑处理视频对专用硬件设备的依赖越来越小，而软件在非线性编辑过程中的作用则日益突出。因此熟练掌握一款像Premiere Pro CC 2018之类的非线性编辑软件便显得尤为重要。

课后练习

一、填空题

1. 帧宽高比即视频画面的长宽比例，目前电视画面的宽高比通常为_____，电影则为_____。
2. 目前世界上的电视制式分为_____、_____和_____3种。

二、选择题

1. PAL制式的帧速率是（　　）帧/s。
   A. 30　　　　　　　　B. 25　　　　　　　　C. 20　　　　　　　　D. 12
2. 下列属于音频格式的有（　　）。
   A. MP3　　　　　　　B. AVI　　　　　　　C. MOV　　　　　　　D. WAV

三、问答题

1. 简述视频画面的运动原理。
2. 简述镜头组接的规律。
3. 简述线性编辑与非线性编辑的特点。

Premiere Pro CC 2018操作基础

第2章

本章重点

Premiere Pro CC 2018是一款优秀的非线性视频编辑处理软件,具有强大的视频和音频内容实时编辑合成功能。它的操作界面简便直观,同时功能全面,因此被广泛应用于家庭视频内容处理、电视广告制作和片头动画编辑等方面。通过本章的学习,读者应掌握以下内容:
- Premiere Pro CC 2018的启动与项目创建;
- Premiere Pro CC 2018的操作界面;
- 素材的导入和编辑;
- 编组与嵌套;
- 创建新元素;
- 运动效果的应用;
- 打包项目素材;
- 脱机文件。

2.1 Premiere Pro CC 2018 的启动以及创建项目和序列

启用Premiere Pro CC 2018,以及创建项目和序列的具体操作步骤如下:

(1)执行"田(开始)|Adobe Premiere Pro 2018"命令(或双击桌面上的 Premiere Pro CC 2018快捷图标),弹出图2-1所示的界面。在该界面中显示了最近编辑过的项目,另外还可以执行新建项目、打开项目、新建团队项目和打开团队项目的操作。
- 最近编辑过的项目:用于显示最近编辑的项目文件,单击其中一个文件可以直接进入主界面,对其进行继续编辑。
- 新建项目:单击该按钮,可以创建一个新的项目文件进行视频编辑。
- 打开项目:单击该按钮,可以开启一个在计算机中已有的项目文件。

(2)单击"新建项目"按钮,弹出图2-2所示的对话框。在该对话框中可以设置"新建项目"的参数。
- 名称:用于为项目文件命名。
- 位置:用于为项目文件指定存储路径。单击右侧的"浏览"按钮,可以在弹出的对话框中指定相应的存储路径。
- 视频和音频显示格式:用于设置视频和音频在项目内的标尺单位。
- 捕捉格式:用于设置从摄像机等设备内获取素材时的格式。

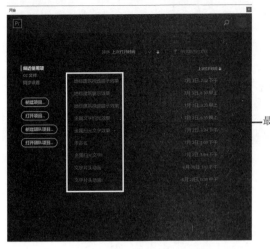

图2-1 启动界面

图2-2 "新建项目"对话框

（3）单击"确定"按钮，即可新建一个项目文件。

（4）在"项目"面板中单击下方的按钮，从弹出的下拉菜单中选择"序列"命令，如图2-3所示，此时会弹出图2-4所示的"新建序列"对话框，在该对话框左侧可以选择一种可用预设，在右侧会显示出该预设的相关参数。

图2-3 选择"序列"命令

图2-4 "新建序列"对话框

（5）在"新建序列"对话框中选择"设置"选项卡，如图2-5所示，在其中可以创建所要的项目文件的内容属性。

- 编辑模式：用于设定时间轴面板中播放视频的数字视频格式。
- 时基：用于设定序列所应用的帧速率的标准。当设置不同的"编辑模式"时，"时基"右侧下拉列表中会显示不同的选项。例如，设置"编辑模式"为"DV PAL"时，"时基"右侧下拉列表中会显示"25.00帧/s"；设置"编辑模式"为"DV NTSC"时，"时基"右侧下拉列表中会显示"29.97帧/s"。
- 视频：该选项组中的选项用于调整与视频画面有关的各项参数。其中"帧大小"用于设置视频画面的分辨率；"像素长宽比"用于设置视频输出到监视器上的画面宽高比；"场"用于设置逐行扫描或隔行扫描的扫描方式；"显示格式"用于设置序列中的视频标尺单位。

- 音频：该选项组中的选项用于调整与音频有关的各项参数。其中"采样率"用于设置序列内的音频文件的采样率；"显示格式"用于调整序列中音频的标尺单位。
- 视频预览：在该选项组中，"预览文件格式"用于设置Premiere生成相应序列的预览文件的文件格式。当采用Microsoft AVI作为预览文件格式时，还可以在"编解码器"下拉列表内选择生成预览文件时采用的编码方式。此外，在勾选"最大位深度"和"最高渲染质量"复选框后，还可提高预览文件的质量。

图 2-5 "新建序列"对话框

（6）在"新建序列"对话框中选择"轨道"选项卡，如图2-6所示，在其中可以设置新创建影片中视频轨道和音频轨道的数量和类型。

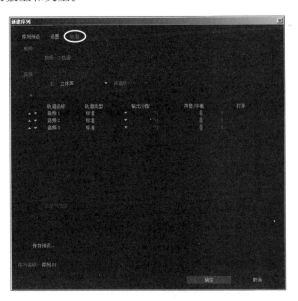

图 2-6 "轨道"选项卡

（7）设置完成后，可以单击 保存预设... （保存预设）按钮，然后在弹出的对话框中输入相应名称（此时输入"张凡"），如图2-7所示，接着单击"确定"按钮，即将自定义的设置方案进行存储。

提示

如果要调用保存的预置，可以在"可用预设"选项卡的左侧"自定义"文件夹中找到保存的预置文件，如图2-8所示，单击"确定"按钮即可。

图2-7 输入名称

图2-8 找到保存的预置文件

（8）设置完毕后，单击"确定"按钮，即可新建一个序列文件。

2.2 Premiere Pro CC 2018 的操作界面

在创建或打开一个项目文件后，即可进入Premiere Pro CC 2018的操作界面。

Premiere Pro CC 2018默认提供了"学习"、"组件"、"编辑"、"效果"和"编辑（CS5.5）"等多种模式的界面，单击相应的模式即可切换到相应的模式界面。下面就以"编辑（CS5.5）"模式界面为例，讲解操作界面的构成。"编辑（CS5.5）"模式下的操作界面大致可以分为"菜单栏"和"工作窗口区域"两部分，如图2-9所示。

图2-9 默认的"编辑（CS5.5）"模式界面

1. 菜单栏

Premiere Pro CC 2018的菜单栏中包括"文件"、"编辑"、"剪辑"、"序列"、"标记"、"图形"、"窗口"和"帮助"菜单8项。其中"文件"菜单中的命令用于执行创建、打开和存储文件或项目等操作;"编辑"菜单中的命令用于常用的编辑操作,如恢复、重做、复制文件等;"剪辑"菜单中的命令用于对素材进行常用的编辑操作,包括重命名、插入、覆盖、编组等命令;"序列"菜单中的命令用于在"时间轴"窗口中对项目片段进行编辑、管理、设置轨道属性等常用操作;"标记"菜单中的命令用于设置素材标记、设置片段标记、移动到入点/出点、删除入点/出点等操作;"图形"菜单中的命令用于从Typekit添加字体安装动态图形模板等操作;"窗口"菜单中的命令用于控制编辑界面中各个窗口或面板的显示与关闭;"帮助"菜单中的命令可以是用户阅读Premiere Pro CC 2018的帮助功能,还可以连接Adobe官方网址,寻求在线帮助等。

2. 工作窗口区域

Premiere Pro CC 2018的工作区域由多个面板组成,这些面板中包含了用户在执行节目编辑任务时所要用到的各种工具和参数。

1)"项目"面板

"项目"面板的主要作用是管理当前编辑项目内的各种素材资源。"项目"面板分为素材属性区、素材列表和工具按钮3个部分,如图2-10所示。其中,素材属性区用于查看素材属性并以缩略图的方式快速预览部分素材的内容;素材列表用于罗列导入的相关素材;工具按钮用于对相关素材进行管理操作。

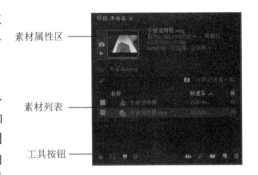

图2-10 "项目"面板

其中工具按钮中各按钮的含义如下:

- ■(项目可写):用于控制项目可写或可读,默认为可写状态。当不想项目被编辑时,可以单击该按钮,切换为■状态,此时项目为可读,但不可写状态。
- ■(列表视图):该方式为Premiere Pro CC 2018默认显示方式,用于在素材列表中以列表方式显示素材。
- ■(图标视图):单击该按钮,将在素材列表中以缩略图的方式显示素材,如图2-11所示。
- ■:用于控制素材列表的缩放,往右移动可以放大素材列表的显示;往左移动可以缩小素材列表的显示。
- ■(自动匹配序列):单击该按钮,可将选中素材添加到"时间轴"面板的编辑片断中。
- ■(查找):单击该按钮,将弹出图2-12所示的对话框,从中可以查找指定的素材。
- ■(新建素材箱):单击该按钮,可以新建文件夹,便于素材管理。

图2-11 缩略图的方式显示素材

图2-12 "查找"对话框

- ■(新建项):单击该按钮,将弹出图2-13所示的快捷菜单,从中可以选择多种分类方式。

- 🗑（清除）：单击该按钮，可以将选中的素材或文件夹删除。

2)"时间轴"面板

"时间轴"面板用于组合"项目"面板中的各种片段，是按时间排列片段、制作影视节目的编辑窗口。绝大部分的素材编辑操作都要在"时间轴"面板中完成。例如，调整素材在影片中的位置、长度、播放速度，或解除有声视频素材中音频与视频部分的链接等。此外，用户还可以在"时间轴"面板中为素材应用各种特技处理效果，甚至还可直接对特效滤镜中的部分属性进行调整。

该面板由节目标签、时间标尺、轨道及其控制面板3部分组成，如图2-14所示。

图2-13　新建项的快捷菜单

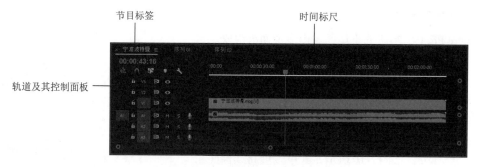

图2-14　"时间轴"面板

(1) 节目标签

节目标签标识了主时间轴上的所有节目。单击它可以激活节目并使其成为当前编辑状态。也可以拖动节目标签，使其成为独立的一个窗口。

(2) 时间标尺

时间标尺由时间显示、时间滑块和工作区控制条组成，如图2-15所示。

图2-15　时间标尺

- 时间显示：用于显示视频和音频轨道上的剪辑时间的位置，显示格式为"小时:分钟:秒:帧"。可以利用标尺缩放条提高显示精度，实现编辑时间位置的精确定位。
- 时间滑块：标出当前编辑的时间位置。
- 工作区控制条：规定了工作区域及输出的范围。在编辑视频和音频时，系统会自动根据所添加的素材，调整工作区域，也可以左右移动时间滑块来调整工作区域。

(3) 轨道及其控制面板

在时间标尺下方是视频/音频轨道及其控制面板。左边部分是轨道控制面板，可以根据需要对轨道进行展开、添加、删除及调整高度等操作，右边部分是视频和音频轨道。该部分默认有3个视频轨道和3个立体声音频轨道。

轨道控制面板分为视频控制面板和音频控制面板两部分。

视频控制面板主要按钮的功能如下：

- ■（切换轨道输出）：当该按钮呈现■状态时，可以对该轨道上的素材进行编辑、播放等操作；当该按钮呈现■状态时，此时导出影片将不会导出该轨道上的剪辑。
- ■（切换轨道锁定）：为了避免编辑其他轨道时对已编辑好的轨道产生误操作，可以将轨道锁定。如果要再次编辑，可以单击■按钮，对其进行解锁。
- M（静音轨道）：激活该按钮，表示禁止轨道输出。
- S（独奏轨道）：激活该按钮，表示启用轨道独奏。

3）"监视器"面板

监视器主要用于在创建作品时对它进行预览。Premiere Pro CC 2018提供了源监视器、节目监视器和参考监视器3种不同的监视器。

（1）"源"监视器

"源"监视器如图2-16所示，用于观察和简单编辑素材。"源"监视器在初始状态下是不显示画面的，如果想在该窗口中显示画面，可以双击"项目"面板中的素材将该素材在"源"监视器中进行显示，或者直接将"项目"面板中的素材拖动到"源"监视器中。

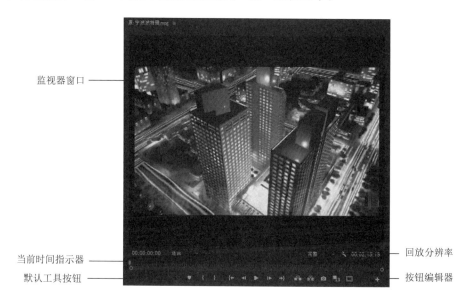

图2-16 "源"监视器

该监视器分为监视器窗口、当前时间指示器、回放分辨率、默认工具按钮和按钮编辑器5个部分，如图2-16所示。其中监视器窗口用于实时预览素材；当前时间指示器用于控制素材播放的时间，在其上方的时间码用于确定每一帧的位置，显示格式为"小时:分钟:秒:帧"；回放播放率是指播放视频的分辨率，用户可以根据需要选择不同的分辨率，从而使视频能够流畅播放，这里需要注意的设置回放播放率并不会影响视频本身的清晰度，按住 完整 ，下拉列表中有"完整"、"1/2"、"1/4"、"1/8"和"1/16"5种回放分辨率可供选择，如图2-17所示；默认工具按钮位于监视器窗口的下方，主要用于修整和播放素材；按钮编辑器用于添加默认工具按钮以外的其余工具按钮。通常我们是在"源"监视器中设置原视频的入点和出点后将其拖入"时间轴"面板进行进一步编辑。

"源"监视器除了可查看视频画面或静态图像外，还可以以波形的方式显示音频素材，如图2-18所示。这样，编辑人员便可以在聆听素材的同时查看音频素材的内容。

（2）"节目"监视器

"节目"监视器与"源"监视器布局基本相同，如图2-19所示。该监视器是编辑时使用最多的一种监视器，主要用于对编辑后的素材进行实时预览，也可以对要输出时的素材设置入点、出点和未编号标记等操作。

图 2-17　回放分辨率

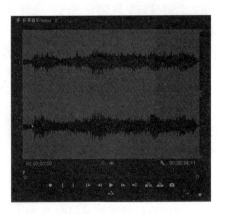
图 2-18　利用"源"监视器查看音频

图 2-19　"节目"监视器

"节目"监视器中默认13个工具按钮的含义如下。
- ▆（添加标记）：用于将特定帧标记为参考点。
- ▆（标记入点）：单击该按钮，时间轴的目前位置将被标注为素材的起始时间。
- ▆（标记出点）：单击该按钮，时间轴的目前位置将被标注为素材的结束时间。
- ▆（转到入点）：单击该按钮，素材将跳转到入点处。
- ▆（转到出点）：单击该按钮，素材将跳转到出点处。
- ▆（播放）：用于从目前帧开始播放影片。单击该按钮，将切换到▆（停止）按钮。按空格键也可以实现相同的切换工作。
- ▆（前进一帧）：单击该按钮，素材将前进一帧。
- ▆（后退一帧）：单击该按钮，素材将后退一帧。
- ▆（插入）：单击该按钮，将在插入的时间位置插入新素材。此时处于插入时间位置后的素材都会向后推移。如果要插入的新素材的位置位于一段素材之中，则插入的新素材会将原素材分为两段，原素材的后半部分会向后推移，接在新素材之后。
- ▆（覆盖）：单击该按钮，将在插入的时间位置插入新素材。与单击▆（插入）按钮不同的是，此时凡是处于要插入的时间位置之后的素材将被新插入的素材所覆盖。
- ▆（导出帧）：单击该按钮，将弹出图2-20所示的"导出帧"对话框，此时在"名称"右侧输入要导出帧的名称,然后在"格式"下拉列表中选择一种输出的图片格式,接着单击 浏览... 按钮,从弹出的对话框中设置图片输出的位置,最后单击"确定"按钮,即可将当前时间指示器指示的帧图片进行输出。

- ■ (比较视图):单击该按钮,可以同时显示调整前和调整后的镜头或帧画面,如图2-21所示。用户可以通过单击 ■ (并排)、■ (垂直拆分) 和 ■ (水平拆分) 按钮来选择不同的显示方式。

图2-20 "导出帧"对话框

图2-21 比较视图

- ■ (安全边距):安全边距用来提醒制作者画面的安全区域。当制作的节目超过安全边距时,安全边距以外的内容在播放时会无法显示。单击该按钮,可以显示出安全边框,如图2-22所示。其中外框为字幕安全框,内框为节目安全框。当制作的节目用于广播电视时,要保证字幕在字幕安全框之内,而节目内容要在节目安全框之内。

提示

网络播放一般不用考虑安全边距的因素,而要在广播电视播出时,制作过程中一定要考虑安全边距的问题。

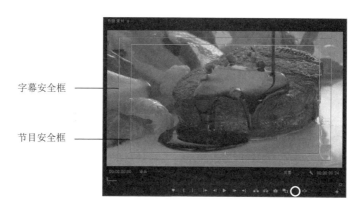

图2-22 安全边框

单击 ■ (按钮编辑器)按钮,将弹出"按钮编辑器"面板,如图2-23所示。在该面板中包含了"节目"监视器中所有的编辑按钮。用户可以通过拖动的方式将"按钮编辑器"面板中相应的按钮添加到"节目"监视器的工具按钮中,如图2-24所示。如果在"按钮编辑器"面板中单击 重置布局 (重置布局)按钮,可以恢复"源"监视器中工具按钮的默认布局。

图 2-23 "按钮编辑器"面板　　　　　　图 2-24 添加工具按钮

在"按钮编辑器"面板中可以添加到"源"监视器的主要按钮的含义如下。

- （清除入点）：单击该按钮，将清除已经设置的入点。
- （清除出点）：单击该按钮，将清除已经设置的出点。
- （从入点到出点播放视频）：单击该按钮，将播放入点和出点之间的内容。
- （转到下一标记）：单击该按钮，将前进到下一个编辑点。
- （转到上一标记）：单击该按钮，将后退到下一个编辑点。
- （播放邻近区域）：单击该按钮，将从当前时间指示位置前三秒开始播放到当前时间指示位置后两秒停止播放。例如，当前时间指示位置是00:00:46:00，单击 （播放邻近区域）后，将从00:00:43:00播放到00:00:48:00。
- （循环）：单击该按钮，将循环播放素材。
- （安全边距）：单击该按钮，将显示屏幕的安全区域。
- （多机位录制开/关）：单击该按钮，可以录制多机位。
- （切换多机位视图）：单击该按钮，可以切换到多机位视图。

(3) "参考"监视器

当在"节目"监视器中激活 （比较视图）按钮，则"节目"监视器会切换为双窗口模式，其中左侧显示的是"参考"监视器，右侧显示的是"节目"监视器，如图2-25所示。我们可以利用"参考"监视器并排比较视频素材的不同帧，如图2-26所示，或使用不同查看模式比较编辑前后视频的相同帧，如图2-27所示。执行菜单中的"窗口|参考监视器"命令，可以将"参考"监视器作为单独的面板打开，如图2-28所示。"参考"监视器可以设置为与"节目"监视器同步播放或统调，也可以设置为不统调。

4) "音轨混合器"面板

"音轨混合器"面板如图2-29所示，该面板主要用于对音频素材的播放效果进行编辑和实时控制。

图 2-25 将"节目"监视器切换为双窗口模式　　图 2-26 利用"参考"监视器并排比较素材的不同帧

第 2 章　Premiere Pro CC 2018 操作基础

图 2-27　使用 ■（垂直拆分）模式查看素材的相同帧

图 2-28　将"参考"监视器作为单独面板打开

5)"效果"面板

"效果"面板中列出了能够应用于素材的各种 Premiere Pro CC 2018 的特效，其中包括预设、音频效果、音频过渡、视频效果和视频过渡五大类，如图 2-30 所示。使用"效果"面板可以快速应用多种音频特效、视频特效和切换效果。单击"效果"面板下方的 ■（新建自定义文件夹）按钮，还可以新建文件夹，将常用的各种特效放在里面，此时自定义文件夹中的特效在默认的文件夹中依然存在。单击"效果"面板下方的 ■（删除自定义分项）按钮，可以删除自建的文件夹，但不能删除软件自带的文件夹。

6)"效果控件"面板

"效果控件"面板如图 2-31 所示。该面板用于调整素材的运动、透明度和时间重置，并具备为其设置关键帧的功能。

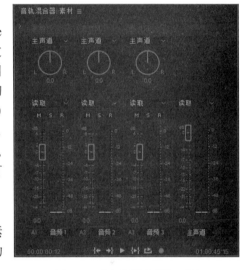

图 2-29　"音轨混合器"面板

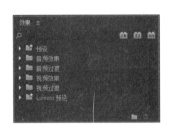

图 2-30　"效果"面板

图 2-31　"效果控件"面板

7)"工具"面板

"工具"面板如图 2-32 所示。该面板主要用于对时间轴上的素材进行编辑、添加或移除关键帧等操作。

"工具"面板中各按钮的含义如下。

- ■（选择工具）：用于对素材进行选择、移动，并可以调节素材关键帧，为素材设置入点和出点。
- ■（向前选择轨道工具）：用于选择点击位置之后的所有轨道的素材，如图 2-33 所示。

- 19 -

图 2-32 "工具"面板　　图 2-33　利用 ■（向前选择轨道工具）选择单击位置之后的所有轨道的素材

- ■（向后选择轨道工具）：按住 ■（向前选择轨道工具）不放，从弹出的隐藏工具中选择 ■（向后选择轨道工具），如图 2-34 所示。使用该工具用于选择单击位置之前的所有轨道的素材，如图 2-35 所示。

 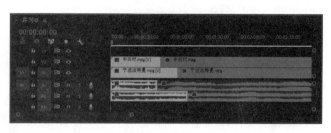

图 2-34　选择 ■（向后选择轨道工具）　　图 2-35　利用 ■（向后选择轨道工具）选择单击位置之后的所有轨道的素材

- ■（波形编辑工具）：用于拖动素材的入点或出点，以改变素材的长度，相邻素材的长度不变，项目片段的总长度改变。图 2-36 所示为使用"波形编辑工具"处理"中关村.mpg"出点的前后比较。

（a）处理前

（b）处理后

图 2-36　使用"波形编辑工具"处理"中关村.mpg"出点的前后比较

- ■（滚动编辑工具）：按住 ■（滚动编辑工具）不放，从弹出的隐藏工具中选择 ■（滚动编辑工具），如图 2-37 所示。使用该工具在需要剪辑的素材边缘拖动，可以将增加到该素材的帧数从相邻的素材中减去，也就是说项目片段的总长度不发生改变。图 2-38 所示为使用"滚动编辑工具"处理"中关村.mpg"的前后比较。

图 2-37　选择 ■（滚动编辑工具）

（a）处理前

（b）处理后

图 2-38　使用"滚动编辑工具"处理"中关村 .mpg"的前后比较

- （比率拉伸工具）：按住 （滚动编辑工具）不放，从弹出的隐藏工具中选择 （比率拉伸工具）。使用该工具可以对素材进行播放速度调整，从而达到改变素材长度的目的。
- （剃刀工具）：用于分割素材。选择该工具后单击素材，可将素材分为两段，从而产生新的入点和出点。图 2-39 所示为使用"剃刀工具"处理"中关村 .mpg"的前后比较。

（a）处理前

（b）处理后

图 2-39　使用"剃刀工具"处理"中关村 .mpg"的前后比较

- （外滑工具）：用于改变一段素材的入点和出点，保持其总长度不变，并且不影响相邻的其他素材。
- （内滑工具）：按住 （外滑工具）不放，从弹出的隐藏工具中选择 （内滑工具）。使用该工具可以保持要剪辑素材的入点与出点不变，通过相邻素材入点和出点的变化，改变其在"时间轴"面板中的位置，而项目片段时间长度不变。
- （钢笔工具）：用于设置素材的关键帧。
- （手形工具）：用于改变"时间轴"面板的可视区域，有助于编辑一些较长的素材。
- （缩放工具）：按住 （手形工具）不放，从弹出的隐藏工具中选择 （缩放工具）。使用该工具可以调整时间轴单位的显示比例。按住【Alt】键，可以在放大和缩小模式间进行切换。

8)"历史记录"面板

"历史记录"面板如图 2-40 所示。该面板用于记录用户在进行影片编辑操作时执行的每一个 Premiere 命令。通过删除"历史记录"面板中的指定命令,还可实现按步骤还原编辑操作的目的。

9)"信息"面板

"信息"面板,如图 2-41 所示。该面板用于显示所选素材以及该素材在当前序列中的信息,包括素材本身的帧速率、分辨率、素材长度和该素材在当前序列中的位置等。

10)"媒体浏览器"面板

"媒体浏览器"面板如图 2-42 所示。该面板的功能与 Windows 管理器类似,能够让用户在该面板内查看计算机磁盘任何位置上的文件。而且,通过设置筛选条件,用户还可在"媒体浏览器"面板内单独查看特定类型的文件。

图 2-40 "历史记录"面板

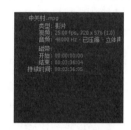
图 2-41 "信息"面板

图 2-42 "媒体浏览器"面板

2.3 素材的导入

使用 Premiere Pro CC 2018 进行的视频编辑,主要是对已有的素材文件进行重新编辑,所以在进行视频编辑之前,首先要将所需的素材导入 Premiere Pro CC 2018 的项目面板中。

2.3.1 可导入的素材类型

Premiere Pro CC 2018 可以支持多种格式的素材。

可导入的视频格式的素材包括:MP4、DV、AVI、MOV、WMV、SWF 等。

可导入的音频格式的素材包括:WAV、WMA、MP3 等。

可导入的图像格式的素材包括:AI、PSD、JPEG、TGA、TIFF、BMP、PCX 等。

2.3.2 导入素材

(1)启动 Premiere Pro CC 2018 程序后,创建一个新的项目文件或打开一个已有的项目文件。

(2)执行菜单中的"文件|导入"(快捷键【Ctrl+I】)命令,打开"导入"对话框,如图 2-43 所示。

(3)导入静止序列图像文件。选择资源素材中的"素材及结果\第 2 章 Premiere Pro CC 2018 操作基础\P0000.tga"文件(静止序列文件的第一幅图片),并勾选"图像序列"复选框,如图 2-44 所示,单击"打开"按钮,即可导入静止序列文件。此时在"项目"面板中会发现该序列文件将作为一个单独的剪辑被导入,如图 2-45 所示。

(4)导入不含图层的单幅图像。选择资源素材中的"素材及结果\第 2 章 Premiere Pro CC 2018 操作基础\ P0001.tga"文件,不勾选"图像序列"复选框,单击"打开"按钮,此时在"项目"面板中该文件将作为一幅单独的图片被导入,如图 2-46 所示。

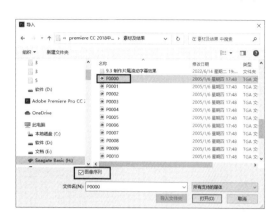

图 2-43 "导入"对话框　　　　　图 2-44 选择"P0001.tga"图片,并勾选"图像序列"复选框

图 2-45 导入序列图片　　　　　图 2-46 导入单幅图片

(5) 导入含图层的 .psd 图像文件。选择资源素材中的"素材及结果\第 2 章 Premiere Pro CC 2018 操作基础\文字.psd"文件,弹出图 2-47 所示的对话框。如果选择"合并所有图层"选项,单击"确定"按钮,此时图像会合并图层后作为一个整体导入;如果选择"各个图层"选项,然后在其后面的下拉列表中选择相应的图层,如图 2-48 所示,单击"确定"按钮,此时图像会只导入选择的图层。图 2-49 所示为导入"文字.psd"中"图层 1"和"图层 2"后的"项目"面板显示。

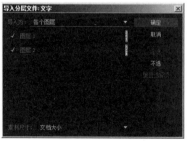
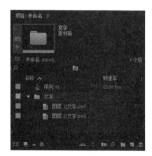

图 2-47 "导入分层文字:文字"对话框　　图 2-48 选择相应的图层　　图 2-49 导入"文字.psd"中"图层 1"和"图层 2"后的"项目"面板显示

(6) 导入动画文件。选择资源素材中的"素材及结果\第 2 章 Premiere Pro CC 2018 操作基础\中关村.mpg"文件,单击"打开"按钮,即可将其导入"项目"面板。

(7) 导入文件夹。选择资源素材中的"素材及结果\第 2 章 Premiere Pro CC 2018 基础知识\片头方案（张凡）"文件夹，单击"导入文件夹"按钮，如图2-50所示，即可将该文件夹导入"项目"面板，如图2-51所示。

图2-50 "导入"对话框

图2-51 导入文件夹

提示

要导入素材，也可以执行以下操作。
- 在"项目"面板素材列表区空白处双击，然后在弹出的"导入"对话框中选择要导入的素材，单击"打开"按钮。
- 在"项目"面板素材列表区空白处右击，从弹出的快捷菜单中选择"导入"命令，如图2-52所示。
- 如果剪辑最近被使用过，可以执行"文件|导入新近文件"命令，在弹出的子菜单中选择要导入的剪辑。

图2-52 选择"导入"命令

2.3.3 设置图像素材的时间长度

在Premiere Pro CC 2018中导入图像素材，需要自定义图像素材的时间长度，这样可以保证项目文件导入的图像素材保持相同的播放长度。

(1) 执行"编辑|首选项|时间轴"命令，弹出"首选项"对话框，如图2-53所示。
(2) 在"静止图像默认持续时间"右侧输入要改变的图像素材的时间长度，单击"确定"按钮即可。
(3) 对于已经导入到"项目"面板的图像文件来说，如果要修改其播放长度，可以先选中该图像，然后右击，从弹出的快捷菜单中选择"速度/持续时间"命令，接着在弹出的"剪辑速度/持续时间"对话框中进行设置，如图2-54所示，单击"确定"按钮。

图2-53 "参数"对话框

图2-54 重新设置持续时间

2.4 素材的编辑

将素材导入"项目"面板后,接下来的工作就是对素材进行编辑。下面介绍对素材进行编辑处理的相关操作。

2.4.1 将素材添加到"时间轴"面板中

在对素材进行编辑操作之前,首先需要将素材添加到"时间轴"面板中,将素材添加到"时间轴"面板的具体操作步骤如下:

(1)在"项目"面板中选择要导入的素材,然后按住鼠标左键,将该文件拖动到"时间轴"面板的"V1"轨道上的第0秒,如图2-55所示。此时,"节目"面板中将显示相关素材第1帧的画面,如图2-56所示。

(2)同理,可将其他素材添加到"时间轴"面板的其他视频轨道上。

(3)如果目前视频轨道不够用,可以执行"序列|添加轨道"命令,或者在"时间轴"面板左侧轨道名称处右击,在弹出的"添加轨道"对话框中设置要添加的轨道数量,如图2-57所示,然后单击"确定"按钮。接着将素材拖到新添加的轨道上即可。

图 2-55　将素材拖入时间轴的第0秒　　图 2-56　在"节目"面板显示素材的画面　　图 2-57　设置要添加的轨道数量

2.4.2 设置素材的入点和出点

在制作影片时并不一定要完整地使用导入到项目中的视频或者音频素材,往往只需要用到其中的部分片断,这时就需要对素材进行剪辑,通过为素材设置入点与出点,可以从素材中截取到需要的片断。

1. 在"源"监视器中设置素材的入点和出点

在"源"监视器中设置入点和出点的具体操作步骤如下:

(1)在"项目"面板中双击一个视频素材,此时在"源"监视器中会显示该素材,如图2-58所示。

(2)拖动时间滑块到需要截取素材的开始位置,单击■(标记入点)按钮,即可确定素材的入点,如图2-59所示。

(3)拖动时间滑块到需要截取素材的结束位置,单击■(标记出点)按钮,即可确定素材的出点,如图2-60所示。

图 2-58　在"源"监视器中显示素材　　图 2-59　确定素材的入点　　图 2-60　确定素材的出点

2. 在"时间轴"面板中设置入点和出点

（1）在"时间轴"面板中将时间滑块移动到需要设置素材入点的位置，如图 2-61 所示。然后将鼠标指针移动到素材的开头，当鼠标指针变为▌标记时，按下鼠标左键向右拖动素材到时间轴位置，即可完成素材入点的设置，如图 2-62 所示。

图 2-61　将时间滑块移动到需要设置素材入点的位置

图 2-62　确定素材的入点

（2）同理，将时间滑块移动到需要设置素材出点的位置，如图 2-63 所示。当鼠标指针变为▌标记时，再将素材的结束处向左侧拖动，即可完成素材出点的位置，如图 2-64 所示。

图 2-63　将时间滑块移动到需要设置素材出点的位置

图 2-64　确定素材的出点

2.4.3　插入和覆盖素材

使用"源"面板中的 ![]（插入）和 ![]（覆盖）工具，可以将"源"面板中的素材直接置入"时间轴"面板中的指定位置。

1．插入素材

使用 ![]（插入）工具插入新素材时，凡是处于要插入的时间位置后的素材都会向后推移。如果要插入的新素材的位置位于一段素材之中，则插入的新素材会将原素材分为两段，原素材的后半部分会向后推移，接在新素材之后。插入素材的具体操作步骤如下：

（1）在"时间轴"面板中定位需要插入素材的位置，如图 2-65 所示。

（2）在"项目"面板中双击要插入的素材，使之在"源"面板中显示出来，然后确定素材的入点和出点，如图 2-66 所示。

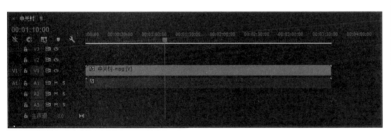

图 2-65　定位需要插入素材的位置

图 2-66　设置要插入素材的入点和出点

（3）单击"源"面板下方的 ![]（插入）工具按钮，即可将素材插入到"时间轴"面板中要插入素材的位置，如图 2-67 所示。

> **提示**
>
> 如果选中"项目"面板中的素材，单击"项目"面板下方的 ![]（自动匹配到序列）按钮，也可将素材插入到时间轴目前的位置上。

2．覆盖素材

使用 ![]（覆盖）工具插入新素材时，凡是处于要插入的时间位置后的素材将被新插入的素材所覆盖，但整体时间长度不变。覆盖素材的具体操作步骤如下：

（1）在"时间轴"面板中定位需要插入素材的位置，如图 2-68 所示。

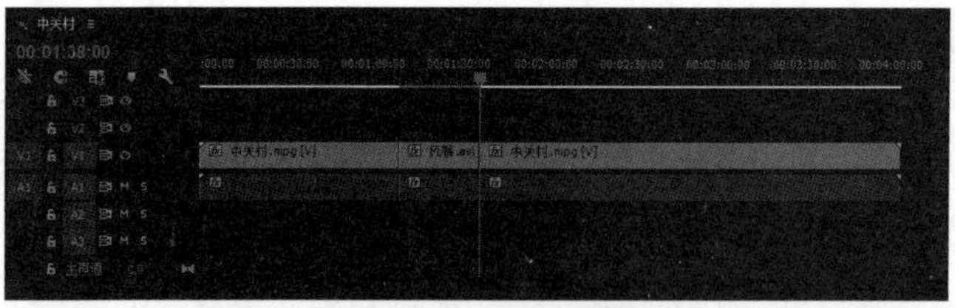

图 2-67 将素材插入到"时间轴"面板中要插入素材的位置

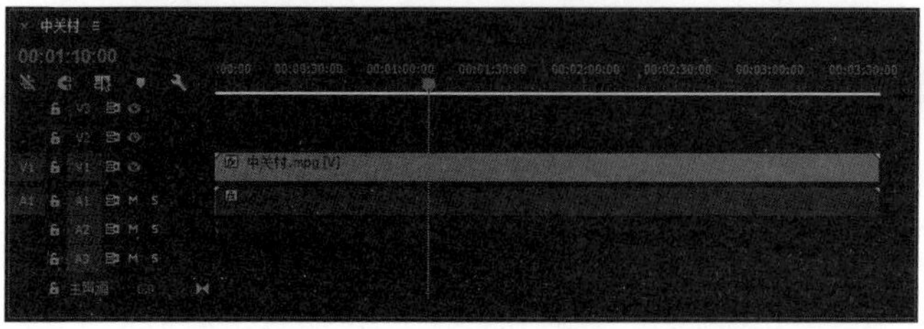

图 2-68 定位需要覆盖素材的位置

（2）在"项目"面板中双击要插入的素材，使之在"源"面板中显示出来，然后确定素材的入点和出点。

（3）单击"源"面板下方的 （覆盖）工具按钮，即可将素材插入到"时间轴"面板中要覆盖素材的位置，如图 2-69 所示。

图 2-69 将素材插入到"时间轴"面板中要覆盖素材的位置

2.4.4 提升和提取素材

使用 ■（提升）和 ■（提取）工具可以在时间轴面板中指定轨道上删除指定的一段素材。

1．提升素材

使用 ■（提升）工具对影片素材进行删除修改时，只会删除目标轨道中选定范围内的素材片断，对其前、后的素材以及其他轨道上的素材的位置不会产生影响。提升素材的具体操作步骤如下：

（1）在"节目"面板中为素材设置入点和出点，此时设置的入点和出点会显示在时间标尺上，如图 2-70 所示。

图 2-70 设置的入点和出点会显示在时间标尺上

(2) 在"时间轴"面板上选中提升素材的目标轨道。

(3) 在"节目"面板中单击 ![] （提升）工具按钮，即可将入点和出点之间的素材删除，删除后的区域显示为空白，如图2-71所示。

图 2-71　提升素材后的效果

2．提取素材

使用 ![] （提取）工具对影片进行删除修改，不但会删除目标轨道中指定的片断，还会将其后的素材前移，填补空缺。提取素材的具体操作步骤如下：

(1) 在"节目"面板中为素材设置入点和出点，此时设置的入点和出点会显示在时间标尺上，如图2-72所示。

(2) 在"时间轴"面板上选中提升素材的目标轨道。

(3) 在"节目"面板中单击 ![] （提取）工具按钮，即可将入点和出点之间的素材删除，其后的素材将自动前移，填补空缺，如图2-72所示。

图 2-72　提取素材后的效果

2.4.5　分离和链接素材

在编辑工作中，经常需要将"时间轴"面板中素材的视、音频进行分离，或者将各自独立的视、音频链接在一起，作为一个整体进行调整。

1．分离素材的视、音频

分离素材的视、音频的具体操作步骤如下：

(1) 在"时间轴"面板中选择要进行视、音频分离的素材。

(2) 右击，从弹出的快捷菜单中选择"解除视音频链接"命令，即可分离素材的视频和音频部分。

2．链接素材的视、音频

链接素材的视、音频的具体操作步骤如下：

(1) 在"时间轴"面板中选择要进行视、音频链接的素材。

(2) 右击，从弹出的快捷菜单中选择"链接视音频"命令，即可链接素材的视频和音频部分。

2.4.6 编辑标记

标记用于指示重要时间码的位置，通过设置标记，可以将时间轴快速移动到标记的位置。在"节目"面板和"源"面板中均可设置标记。下面以"节目"面板为例来讲解编辑标记的相关操作。

1．设置标记

设置标记的具体操作步骤如下：

在"节目"面板中显示一个素材，然后将时间轴滑块移动到需要设置标记的位置。接着执行"标记|添加标记"命令，此时在"节目"面板的时间标尺处会出现一个█标记，如图2-73所示。同时，"时间轴"面板的相应位置还会出现一个标记，如图2-74所示。

图 2-73　时间标尺处会出现一个█标记　　图 2-74　"时间轴"面板的相应位置出现一个█标记

2．跳转标记

为素材加入标记之后，便可以快速跳转到某个标记所在的帧。跳转标记的具体操作步骤如下：通过单击监视器窗口下方的█（转到下一标记）按钮和█（转到上一标记）按钮进行跳转。

3．删除标记

删除标记的具体操作步骤如下：

（1）删除单个标记。在"节目"面板或"时间轴"面板中选中要删除的标记，然后右击，从弹出的快捷菜单中选择"清除当前标记"命令，将其删除。

（2）删除所有标记。在"节目"面板中或在"时间轴"面板的标尺处右击，从弹出的快捷菜单中选择"清除所有标记"命令，即可将所有标记删除。

> **提示**
>
> 执行"标记|清除所有标记"命令，也可以将所有标记删除。

4．在"时间轴"面板中设置入点与出点标记

在"时间轴"面板中可以对素材片断进行入点与出点标记的设置，从而方便在时间轴中快速移动到入点和出点的位置。在"时间轴"面板中设置入点与出点标记的具体操作步骤如下：

（1）将"时间轴"面板中的时间滑块定位在入点处，然后在时间标尺处右击。从弹出的快捷菜单中选择"标记入点"命令，即可完成入点的设置，结果如图2-75所示。

（2）同理，将时间轴定位在出点位置，然后在时间标尺上右击，从弹出的快捷菜单中选择"标记出点"命令，即可完成出点的设置，结果如图2-76所示。

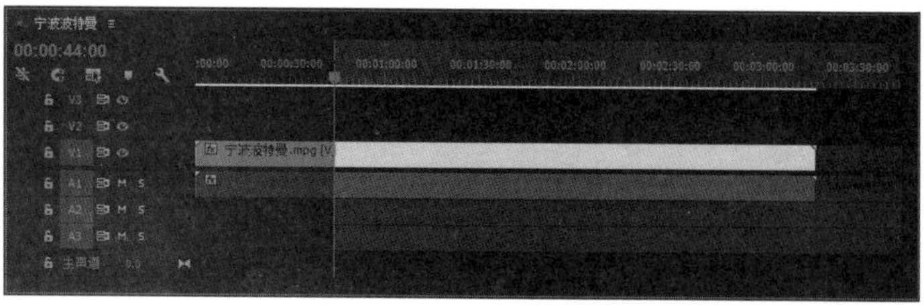

第 2 章　Premiere Pro CC 2018 操作基础

图 2-75　选择"标记入点"命令

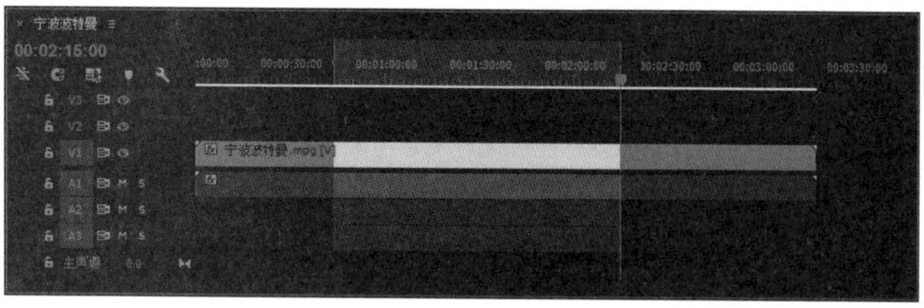

图 2-76　选择"标记出点"命令

（3）完成入点和出点设置后，选中该素材片断，然后在时间标尺上右击，从弹出的快捷菜单中选择"转到入点"和"转到出点"命令，即可返回到素材的入点和出点位置。

提示

在"节目"面板中单击 ![] （转到入点）按钮和 ![] （转到出点）按钮，也可以直接返回素材的入点和出点位置。

（4）如果要删除素材的入点和出点标记，可以执行"标记|清除入点和出点"命令，即可将入点和出点标记删除。

2.4.7　修改素材的播放速率

对视频或音频素材的播放速率进行修改，可以使素材产生快速或慢速播放的效果。修改素材的播放速率的具体操作步骤如下：

（1）在"时间轴"面板中选择需要修改播放速率的素材，如图 2-77 所示。

图 2-77　选择需要修改播放速率的素材

（2）选择"工具"面板中的 ![] （比率拉伸工具），然后将鼠标指针移动到素材的开头或末尾，接着按住鼠标左键向左或向右拖动，即可在不改变素材内容长度的状态下，改变素材播放的时间长度，以达到改变片断播放速度的效果（即俗称的快放和慢放），如图 2-78 所示。

（3）如果要精确修改素材的播放速率，可以在"时间轴"面板中选中素材，然后右击，从弹出的快捷菜单中选择"速度/持续时间"命令，接着在弹出的"剪辑速度/持续时间"对话框中进行设置，如图 2-79 所示。

图 2-78 利用 ■（比率拉伸工具）改变素材播放的时间长度　　图 2-79 精确设置素材的播放速率

2.5 编组与嵌套

1. 编组

在编辑工作中，经常需要对多个素材整体进行操作。此时，使用编组命令，可以将多个片段组合为一个整体进行移动、复制及编辑等操作。

建立编组的具体操作步骤如下：

（1）在"时间轴"面板中框选进行编组的素材。

按住【Shift】键可以添加素材。

（2）在选定的素材上右击，从弹出的快捷菜单中选择"编组"命令，即可将选中的素材进行编组。

编组的素材无法改变其属性，比如改变编组的不透明度或施加特效等。如果要取消编组，可以右击群组对象，从弹出的快捷菜单中选择"取消编组"命令即可。

2. 嵌套

嵌套可以将一个时间轴嵌套到另外一个时间轴中，作为一整段素材使用。使用嵌套可以完成普通剪辑无法完成的复杂操作，并且可以在很大程度上提高工作效率。例如，进行多个素材的重复切换和特效混用。建立嵌套素材的方法如下：

（1）在"时间轴"面板中切换到要进行嵌套的目标时间轴。

（2）在"项目"面板中选择要进行嵌套的时间轴，然后将其拖入目标时间轴的轨道中即可。

2.6 创建新元素

Premiere Pro CC 2018除了可以使用导入的素材外，还可以建立一些新素材元素。

2.6.1 通用倒计时片头

Premiere Pro CC 2018为用户提供的"通用倒计时片头"命令，通常用于创建影片开始前的倒计时片头动画。利用该命令，用户不仅可以非常简便地创建一个标准的倒计时素材，并可以在Premiere Pro CC 2018中随时对其进行修改。创建通用倒计时片头动画的具体操作步骤如下：

(1) 在"项目"面板中单击下方的■（新建项）按钮，然后从弹出的快捷菜单中选择"通用倒计时片头"命令，如图 2-80 所示。

(2) 在弹出的图 2-81 所示的"新建通用倒计时片头"对话框中设置相关参数后，单击"确定"按钮，进入"通用倒计时片头设置"对话框，如图 2-82 所示。

"通用倒计时片头设置"对话框中的参数含义如下：
- 擦除颜色：用于设置擦除后的颜色。在播放倒计时影片时，指示线会不停地围绕圆心转动，在指示线转动之后的颜色即为擦除后的颜色。
- 背景色：用于设置背景颜色。当指示线转动之前的颜色即为背景色。
- 线条颜色：用于设置指示线颜色。固定的十字线及转动指示线的颜色由该项设置。
- 目标颜色：用于设置圆形准星的颜色。
- 数字颜色：用于设置数字颜色。

图 2-80 选择"通用倒计时片头"命令

(3) 设置完毕后，单击"确定"按钮，即可将创建的通用倒计时片头放入"项目"面板，如图 2-83 所示。

图 2-81 "新建通用倒计时片头"对话框

图 2-82 "通用倒计时片头设置"对话框

图 2-83 "项目"面板中的"通用倒计时片头"素材

(4) 将"项目"面板中的"通用倒计时片头"素材拖入"时间轴"面板中，然后在"节目"面板中单击▶按钮，即可看到效果，如图 2-84 所示。

(5) 如果要修改通用倒计时片头，可以在"项目"面板或"时间轴"面板中双击倒计时素材，然后在打开的"通用倒计时片头设置"对话框中进行重新设置。

图 2-84 通用倒计时片头效果

2.6.2 彩条

在Premiere Pro CC 2018中，利用"彩条"命令，可以为影片在开始前加入一段静态的彩条效果。创建彩条的具体操作步骤如下：

（1）在"项目"面板中单击下方的 ■（新建项）按钮，然后从弹出的快捷菜单中选择"彩条"命令。

（2）在弹出的图2-85所示的"新建彩条"对话框中设置相关参数后，单击"确定"按钮，即可将创建的彩条放入"项目"面板，如图2-86所示。

图2-85 "新建彩条"对话框

图2-86 "项目"面板中的"彩条"素材

2.6.3 黑场视频

所谓黑场，是指画面由纯黑色像素所组成的单色素材。在实际应用中，黑场通常用于影片的开头或结尾，起到引导观众进入或退出影片的作用。在Premiere Pro CC 2018中，利用"黑场视频"命令，可以为影片加入一段静态的黑场效果。创建黑场视频的具体操作步骤如下：

（1）在"项目"面板中单击下方的 ■（新建项）按钮，然后从弹出的快捷菜单中选择"黑场视频"命令。

（2）在弹出的图2-87所示的"新建黑场视频"对话框中设置相关参数后，单击"确定"按钮，即可将创建的黑场视频放入"项目"面板，如图2-88所示。

图2-87 "新建黑场视频"对话框

图2-88 "项目"面板中的"黑场视频"素材

2.6.4 颜色遮罩

从画面内容上看，颜色遮罩与黑场视频素材的效果极为类似，都是仅包含一种颜色的纯色素材。所不同的是，用户无法控制黑场素材的颜色，却可以根据影片需求任意调整颜色遮罩素材的颜色。创建颜色遮罩的具体操作步骤如下：

（1）在"项目"面板中单击下方的 ■（新建项）按钮，然后从弹出的快捷菜单中选择"颜色遮罩"命令。

（2）在弹出的图 2-89 所示的"新建颜色遮罩"对话框中设置相关参数后，单击"确定"按钮。然后在弹出的"拾色器"对话框中设置好颜色遮罩的颜色，如图 2-90 所示，单击"确定"按钮。接着在弹出的图 2-91 所示"选择名称"对话框中输入颜色遮罩的名称，单击"确定"按钮，即可将创建的颜色遮罩放入"项目"面板，如图 2-92 所示。

图 2-89 "新建颜色遮罩"对话框

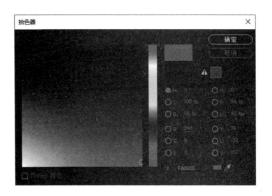

图 2-90 "拾色器"对话框

图 2-91 输入颜色遮罩的名称

图 2-92 "项目"面板中的"颜色遮罩"素材

2.7 添加运动效果

运动是多媒体设计的灵魂，灵活运用动画效果，可以使得视频作品更加丰富多彩。利用 Premiere Pro CC 2018 可以轻松地制作出位移、缩放、旋转等各种运动效果。将素材拖入"时间轴"面板中，然后在"效果控件"面板中展开"运动"项，此时可以看到"运动"项中的相关参数，如图 2-93 所示。

- 位置：用于设置对象在屏幕中的位置坐标。
- 缩放：用于调节对象的缩放度。
- 缩放宽度：在未勾选"等比缩放"复选框的情况下可以设置对象的宽度。
- 旋转：用于设置对象在屏幕中的旋转角度。
- 锚点：用于设置对象的旋转或移动控制点。
- 防闪烁滤镜：用于消除视频中闪烁的对象。

图 2-93 "效果控件"面板

2.7.1 使用关键帧

运动效果的实现离不开关键帧的设置。所谓关键帧是指在时间上的一个特定点，在该点上可以运用不同的效果。当在关键帧上运用不同特效时，Premiere Pro CC 2018 会自动对关键帧之间的部分进行插补运算，使其平滑过渡。

1．添加关键帧

如果要为影片剪辑的素材创建运动特效，便需要为其添加多个关键帧。添加关键帧的具体操作步骤如下：

（1）在"时间轴"面板中选择要编辑的素材（此时选择的是"风景1.jpg"），如图2-94所示。

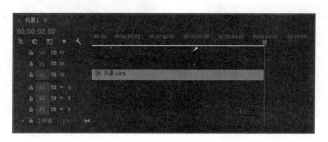

图2-94　选择要编辑的素材

（2）进入"效果控件"面板，然后在"效果控件"面板中单击右上角的■（显示/隐藏时间轴）按钮（单击后变为■按钮），显示出时间轴控制区。

（3）展开"运动"选项，将时间滑块移动到要添加关键帧的位置，单击相关特性左侧的■按钮（这里选择的是"缩放"），此时相应的特性关键帧会被激活，显示为■状态，且在当前时间编辑线处将添加一个关键帧，如图2-95所示。

（4）移动当前时间编辑线到下一个要添加关键帧的位置，然后调整参数，此时软件会在当前编辑线处自动添加一个关键帧，如图2-96所示。

> **提示**
>
> 在"效果控件"面板中单击■（添加/移除关键帧）按钮，也可以手动添加一个关键帧。

图2-95　添加一个关键帧

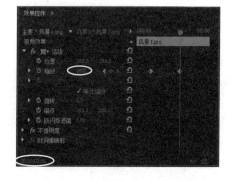

图2-96　自动添加一个关键帧

2．删除关键帧

删除关键帧的具体操作步骤如下：

（1）选择要删除的关键帧，按【Delete】键。

（2）如果要删除某一特性所有的关键帧，可以单击相关特性左侧的 按钮，此时会弹出图2-97所示的对话框，单击"确定"按钮，则该属性上的所有关键帧将被删除。

3．移动关键帧

移动关键帧的具体操作步骤如下：
（1）单击要移动的关键帧。
（2）按住鼠标左键将关键帧拖动到适当位置即可。

4．剪切与粘贴关键帧

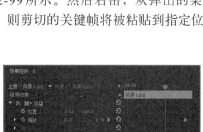

图 2-97　警告对话框

剪切关键帧的具体操作步骤如下：
（1）选择要剪切的关键帧，右击，从弹出的快捷菜单中选择"剪切"命令，如图 2-98 所示。
（2）移动时间滑块到要粘贴关键帧的位置，如图 2-99 所示。然后右击，从弹出的菜单中选择"粘贴"命令（快捷键【Ctrl+V】），如图 2-100 所示。则剪切的关键帧将被粘贴到指定位置，如图 2-101 所示。

图 2-98　选择"剪切"命令　　　　　图 2-99　移动时间滑块到要粘贴关键帧的位置

图 2-100　选择"粘贴"命令　　　　　图 2-101　粘贴关键帧的效果

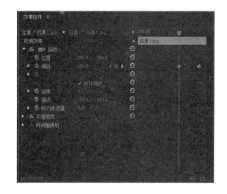

5．复制与粘贴关键帧

在创建运动特效的过程中，如果多个素材中的关键帧具有相同的参数，则可利用复制和粘贴关键帧的方法提高操作效率。复制与粘贴关键帧的具体操作步骤如下：
（1）在"时间轴"面板中选择要复制关键帧的素材（此时选择的是"风景1.jpg"），然后在"效果控件"面板中选择要复制的关键帧（此时选择的是两个关键帧），接着右击，从弹出的快捷菜单中选择"复制"命令，如图 2-102 所示。
（2）在"时间轴"面板中选择要粘贴关键帧的素材（此时选择的是"风景2.jpg"），如图 2-103 所示。然后在"效果控件"面板中将时间滑块移动到要粘贴关键帧的位置,接着右击,从弹出的快捷菜单中选择"粘贴"命令,如图2-104所示。剪切的关键帧将被粘贴到指定位置,如图2-105所示。

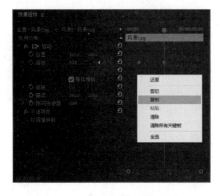

图2-102 选择"复制"命令

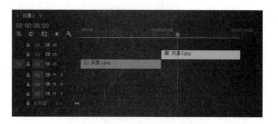

图2-103 选择要粘贴关键帧的素材

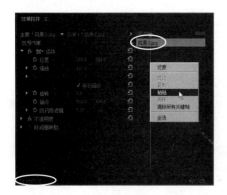

图2-104 选择"粘贴"命令

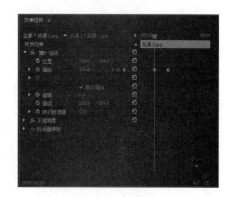

图2-105 粘贴关键帧的效果

2.7.2 运动效果的添加

运动是剪辑千变万化的灵魂所在。它可以实现多种特效,特别是对于静态图片,利用运动效果是其增色的有效途径。在Premiere Pro CC 2018中的运动效果可分为"位置"运动、"缩放"运动、"旋转"运动和"锚点"运动4种。

1. "位置"运动效果

添加"位置"运动效果的具体操作步骤如下:

(1)在"时间轴"面板中选择要添加"位置"运动效果的素材(此时选择的是"风景3.jpg"),如图2-106所示。

图2-106 选择要添加"位置"运动效果的素材

(2)在"效果控件"面板中展开"运动"选项,如图2-107所示。

提示

如果"效果控件"面板隐藏,可以执行"窗口|效果控件"命令,调出该面板。

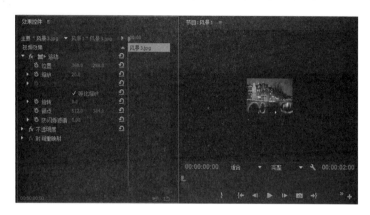

图 2-107　在"效果控件"面板中展开"运动"选项

(3)将时间滑块移动到素材运动开始的位置(此时移动的位置为00:00:00:00),然后单击"位置"特性左侧的按钮,此时"位置"特性的关键帧会被激活,显示为状态,且在当前时间位置处添加一个关键帧。接着在"位置"右侧输入X和Y坐标数值,如图2-108所示。

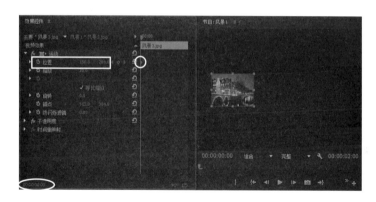

图 2-108　在 00:00:00:00 处调整"位置"的参数

(4)将时间滑块移动到下一个要添加"位置"关键帧的位置(此时移动的位置为00:00:01:00),然后对位置再次进行调整,此时软件会自动添加一个关键帧,如图2-109所示。

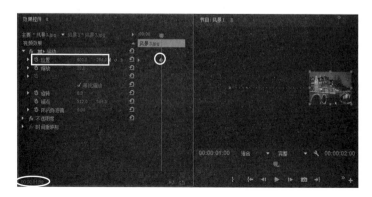

图 2-109　在 00:00:01:00 处调整"位置"的参数

(5)单击"节目"面板中的▶按钮,即可看到素材从右往左运动的效果,如图2-110所示。

图2-110　素材从右往左运动的效果

2."缩放"运动效果

利用"缩放"运动效果,可以制作出镜头推拉的效果。添加"缩放"运动效果的具体操作步骤如下:

(1)在"时间轴"面板中选择要添加"缩放"运动的素材(此时选择的是"风景4.jpg"),如图2-111所示。

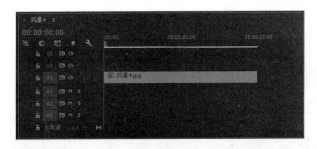

图2-111　选择要添加"缩放"运动效果的素材

(2)在"效果控件"面板中展开"运动"选项,如图2-112所示。

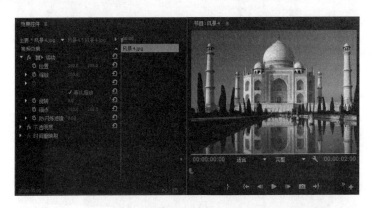

图2-112　在"效果控件"面板中展开"运动"选项

(3)将时间滑块移动到要设置素材第1个"缩放"关键帧的位置,然后单击"缩放"特性左侧的◎按钮,添加一个关键帧。接着在"缩放"右侧输入数值,如图2-113所示。

(4)将时间滑块移动到要设置第2个"缩放"关键帧的位置,然后在"缩放"右侧重新输入数值,此时软件会自动添加一个关键帧,如图2-114所示。

(5)单击"节目"面板中的▶按钮,即可看到素材从大变小的动画效果,如图2-115所示。

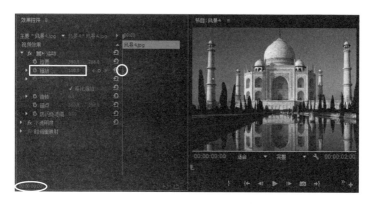

图 2-113　在 00:00:00:00 处调整"缩放"的参数

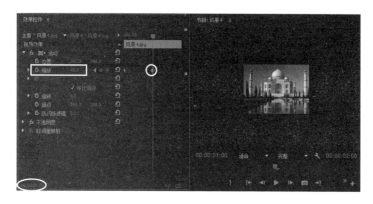

图 2-114　在 00:00:01:00 处调整"缩放"的参数

图 2-115　素材从大变小的效果

3．"旋转"运动效果

利用"旋转"运动效果，可以制作出摇镜头的效果。添加"旋转"运动效果的具体操作步骤如下：

（1）在"时间轴"面板中选择要添加"旋转"运动的素材（此时选择的是"风景 5.jpg"），如图 2-116 所示。

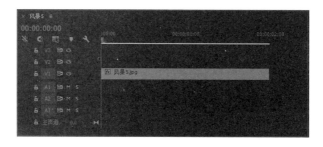

图 2-116　选择要添加"旋转"运动的素材

（2）在"效果控件"面板中展开"运动"选项，如图2-117所示。

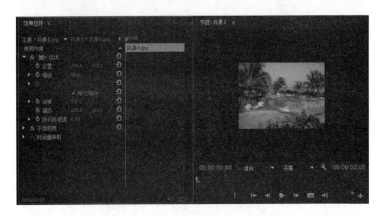

图 2-117　展开"运动"选项

（3）将时间滑块移动到要设置素材第1个"旋转"关键帧的位置，然后单击"旋转"特性左侧的 ◎ 按钮，添加一个关键帧。接着在"旋转"右侧输入数值，如图2-118所示。

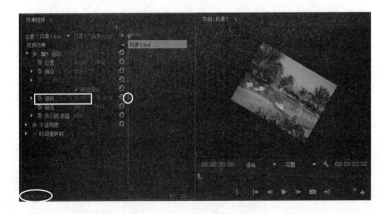

图 2-118　在 00:00:00:00 处调整"旋转"的参数

（4）将时间滑块移动到要设置第2个"旋转"关键帧的位置，然后在"旋转"右侧重新输入数值，此时会自动添加一个关键帧，如图2-119所示。

（5）单击"节目"面板中的 ▶ 按钮，即可看到素材的旋转动画效果，如图2-120所示。

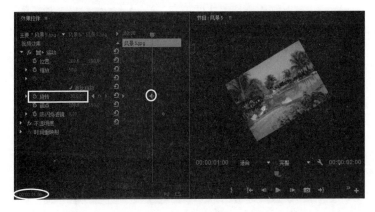

图 2-119　在 00:00:01:00 处调整"旋转"的参数

图 2-120　素材的旋转动画效果

4．"锚点"运动效果

"锚点"就是对象的中心点，"锚点"的位置不同，旋转等效果也就不同。添加"锚点"运动效果的具体操作步骤如下：

（1）在"时间轴"面板中选择要添加"锚点"运动的素材（此时选择的是"风景6.jpg"），如图2-121所示。

图 2-121　选择要添加"锚点"运动的素材

（2）在"效果控件"面板中展开"运动"选项，如图2-122所示。

图 2-122　展开"运动"选项

（3）将时间滑块移动到要设置素材第1个"锚点"关键帧的位置，然后单击"锚点"特性左侧的 按钮，添加一个关键帧。然后在"锚点"右侧输入数值，如图2-123所示。

（4）将时间滑块移动到要设置第2个"锚点"关键帧的位置，然后在"锚点"右侧重新输入数值，此时软件会自动添加一个关键帧，如图2-124所示。

（5）单击"节目"面板中的 按钮，即可看到素材由于锚点的变化而产生的动画效果，如图2-125所示。

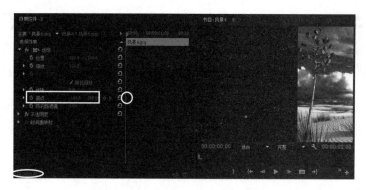

图 2-123　在 00:00:00:00 处调整"旋转"的参数

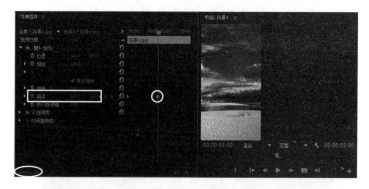

图 2-124　在 00:00:01:00 处调整"旋转"的参数

图 2-125　素材的锚点动画效果

2.8　添加透明效果

制作影片时，降低素材的不透明度可以使素材画面呈现透明或半透明效果，从而利于各素材之间的混合处理。例如，在武侠影片中，大侠快速如飞的场面。实际上，演员只是在单色背景前做出类似动作，然后在实际的剪辑制作时将背景设置为透明，接着将这个片断叠加到天空背景片段上，以此来实现效果。此外还可以使用添加关键帧的方法，使素材产生淡入或淡出的效果。

在 Premiere Pro CC 2018 中可以通过"时间轴"面板中的"显示透明控制"命令或者"效果控件"实现透明效果。

2.8.1　显示透明控制

使用"显示透明控制"实现透明效果的具体操作步骤如下：
（1）在"时间轴"面板选择要设置透明效果的素材（此时选择的是"风景 7.jpg"），然后双击素材所在的轨道名称（此时双击的是V1轨道），从而展开该轨道，如图2-126所示。

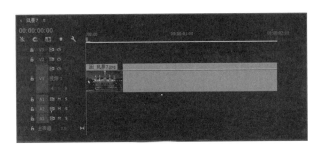

图 2-126　展开 V1 轨道

（2）选择V1轨道上的"风景7.jpg"素材，分别在"时间轴"面板该素材的00:00:00:05、00:00:01:00和00:00:01:20位置单击◇（添加-移除关键帧）按钮，各添加一个不透明度关键帧，如图2-127所示。

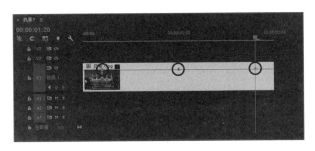

图 2-127　添加不透明度关键帧

（3）利用"工具"面板中的▶（选择工具）向下移动起点和终点的不透明度关键帧，如图2-128所示。

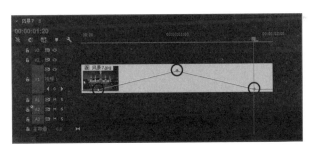

图 2-128　调整不透明度关键帧的位置

（4）单击"节目"面板中的▶按钮，即可看到素材的淡入/淡出效果，如图2-129所示。

图 2-129　素材的淡入/淡出效果

2.8.2 使用"效果控件"面板

使用"效果控件"面板实现透明效果的具体操作步骤如下:

(1) 在"时间轴"面板选择要设置透明效果的素材(此时选择的是"风景7.jpg")。

(2) 在"效果控件"面板中展开"不透明度"选项,然后将时间滑块移动到素材00:00:00:05的位置,单击 按钮,添加一个不透明度关键帧,然后设置输入数值,如图2-130所示。接着将时间滑块线移动到素材00:00:01:20的位置,单击 按钮,添加一个与起点不透明度相同的关键帧,如图2-131所示。

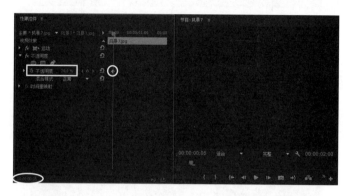

图 2-130 在素材的起始处添加一个不透明度关键帧

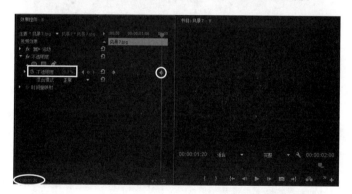

图 2-131 添加一个与起点不透明度相同的关键帧

(3) 将时间滑块移动到00:00:01:00位置,然后调整不透明度的参数为100%,此时软件会在该处自动添加一个透明度关键帧,如图2-132所示。

图 2-132 设置 00:00:01:00 处的透明度为 100%

（4）单击"节目"面板中的▶按钮，即可看到素材的淡入/淡出效果，如图2-133所示。

图 2-133　素材的淡入/淡出效果

（5）如果要取消透明效果，可以单击"不透明度"前的◎按钮，此时会弹出图2-134所示的警告对话框，单击"确定"按钮，即可将透明度关键帧删除。

（6）如果要重置参数，可以单击"透明度"后面的⟲（重置）按钮，即可将当前关键帧的参数修改为默认参数。

图 2-134　警告对话框

2.9　改变素材的混合模式

在Premiere Pro CC 2018中可以通过调整混合模式来改变不同视频轨道上素材的融合效果。

改变素材混合模式的具体操作步骤如下：

（1）在时间轴的两个视频轨道上分别导入素材，如图2-135所示。默认情况下，V2轨道上的光效素材会遮挡V1轨道上的素材。

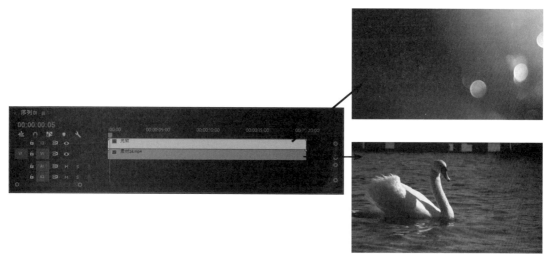

图 2-135　时间线显示

（2）选择V2轨道上的光效素材，然后在"效果控件"面板中将"混合模式"改为"滤色"，如图2-136所示，效果如图2-137所示。

（3）此时混合后的效果过亮，下面在"效果控件"面板中将"不透明度"改为50%，如图2-138所示，效果如图2-139所示。

图 2-136 将"混合模式"改为"滤色"

图 2-137 将混合模式改为"滤色"的效果

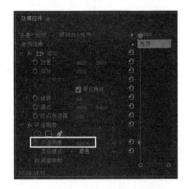
图 2-138 将"不透明度"改为 50%

图 2-139 将"不透明度"改为 50% 的效果

2.10 脱机文件

脱机文件是指项目内当前不可用的素材文件,其产生原因多是由于项目所引用的素材文件已经被删除或移动。

在 Premiere Pro CC 2018 中打开脱机文件时,会在弹出的对话框中要求用户重新定位脱机素材的位置,如图 2-140 所示。此时,用户可以通过单击"查找"按钮,从弹出的对话框中指出脱机素材新的文件位置,则项目会解决该素材文件的媒体脱机问题。反之,如果单击"脱机"按钮,则在打开脱机文件后,在"项目"面板中选择该素材文件时,"源"或"节目"面板内便将显示该素材的媒体脱机信息,如图 2-141 所示。

图 2-140 重新定位脱机素材的位置

图 2-141 "源"窗口中显示媒体脱机信息

2.11 打包项目素材

制作一部稍微复杂的影视节目,所用到的素材会数不胜数。在这种情况下,除了使用"项目"面板对素材进行管理外,还应将项目所用到的素材全部归纳于一个文件夹内,以便进行统一管理,这就是打包项目素材。打包项目素材的具体操作步骤如下:

(1)执行菜单中的"文件|项目管理"命令。

(2)在弹出的"项目管理器"对话框中的"序列"区域内选择所要保留的序列,然后在"目标路径"选项组内设置项目文件归档方式,如图2-142所示,接着在"路径"右侧单击 按钮,从弹出的"请选择生成项目的目标路径。"对话框中选择要放置打包文件的位置,如图2-143所示,单击"确定"按钮。即可创建一个放置所有项目素材的打包文件夹,如图2-144所示。

图2-142 "项目管理器"对话框　　图2-143 "请选择生成项目的目标路径"对话框　　图2-144 创建的打包文件夹

2.12 实例讲解

本节将通过"制作时间穿梭效果"和"制作玻璃划过效果"2个实例来讲解Premiere Pro CC 2018操作基础在实践中的应用。

2.12.1 制作时间穿梭效果

要点

本例将制作多个视频的时间穿梭效果,如图2-145所示。通过本例的学习,读者应掌握视频倒放和控制视频播放速度的应用。

图2-145 时间穿梭效果

操作步骤

1. 制作视频倒放效果

（1）启动 Premiere Pro CC 2018，然后执行"文件|新建|项目"（快捷键是【Ctrl+Alt+N】）命令，新建一个名称为"时间穿梭效果"的项目文件。接着新建一个预设为"ARRI 1080p 25"的"序列01"序列文件。

（2）导入素材。执行"文件|导入"命令，导入资源素材中的"素材及结果\2.12.1 制作时间穿梭效果\素材1～素材8.mp4 和"背景音乐15.mp3"文件，如图2-146所示。

（3）在"项目"面板中依次选择"素材1～素材8.mp4"，然后将它们拖入"时间轴"面板的V1轨道中，入点为00:00:00:00，此时软件会根据选择素材的顺序将它们依次放入时间轴中，接着按【\】键，将素材在时间轴中最大化显示，如图2-147所示。

图 2-146　导入素材

图 2-147　将"素材1～素材8.mp4"拖入"时间轴"面板并在时间轴中最大化显示

（4）按空格键预览动画，此时会看到所有视频素材都是镜头逐渐推近的效果，而我们需要的是镜头逐渐拉远的效果。框选"时间轴"面板V1轨道上的所有素材，然后右击，从弹出的快捷菜单中选择"速度/持续时间"命令，接着在弹出的"剪辑速度/持续时间"对话框中勾选"倒放速度"复选框，如图2-148所示，单击"确定"按钮。最后按空格键预览动画，此时所有视频素材都就产生了镜头逐渐拉远的效果，如图2-149所示。

图 2-148　勾选"倒放速度"复选框　　　　图 2-149　镜头逐渐拉远的效果

2. 制作视频的时间穿梭效果

（1）在"时间轴"面板中选择所有的素材，然后右击，从弹出的快捷菜单中选择"嵌套"命令，接着在弹出的"嵌套序列名称"对话框中保持默认参数，如图2-150所示，单击"确定"按钮，从而将所有素材嵌套为一个新的序列，如图2-151所示。

图 2-150 "嵌套序列名称"对话框　　　图 2-151 将所有的素材嵌套为一个新的序列

（2）按空格键预览动画，此时素材的播放速度很慢。右击V1轨道上的"嵌套序列01"，然后从弹出的快捷菜单中选择"速度/持续时间"命令，接着在弹出的"剪辑速度/持续时间"对话框中将"速度"设置为1000%，将"时间插值"设置为"帧混合"，如图2-152所示，单击"确定"按钮，此时"时间轴"面板中的"嵌套序列01"的总长度就缩短了，如图2-153所示。

提示

将"时间插值"设置为"帧混合"是为了使画面产生模糊的效果，从而模拟出时间穿梭的效果。

图 2-152 设置"剪辑速度/持续时间"参数　　　图 2-153 "时间轴"面板

（3）此时"时间轴"面板上方会显示一条红线，表示此时按空格键预览会出现明显的卡顿。下面执行菜单中的"序列|渲染入点到出点的效果"（快捷键是【Enter】）命令，进行渲染。当渲染完成后整个视频会自动进行实时播放，此时就可以看到时间穿梭的效果了，如图2-154所示，这时"时间轴"面板上方的红线会变为绿线，如图2-155所示。

图 2-154 时间穿梭的效果

图 2-155 "时间轴"面板上方的红线会变为绿线

（4）给视频添加背景音乐。将"项目"面板中的"背景音乐15.mp3"拖入"时间轴"面板的A1轨道，入点为00:00:00:00，如图2-156所示。

图 2-156　将"背景音乐 15.mp3"拖入"时间轴"面板的 A1 轨道，入点为 00:00:00:00

（5）至此，整个时间穿梭效果制作完毕。执行"文件|项目管理"命令，将文件打包。然后执行"文件|导出|媒体"命令，将其输出为"时间穿梭效果.mp4"文件。

2.12.2　制作玻璃划过效果

要点

本例将制作一个玻璃划过画面的区域清晰，而以外的区域模糊的效果，如图 2-157 所示。通过本例的学习，读者应掌握绘制矩形、"缩放"关键帧，以及"高斯模糊"、"轨道遮罩键"和"投影"视频特效的应用。

图 2-157　玻璃划过效果

操作步骤

（1）启动 Premiere Pro CC 2018，执行"文件|新建|项目"（快捷键是【Ctrl+Alt+N】）命令，新建一个名称为"玻璃划过效果"的项目文件。接着新建一个预设为"ARRI 1080p 25"的"序列01"序列文件。

（2）导入素材。执行"文件|导入"命令，导入资源素材中的"素材及结果\2.12.2 制作玻璃划过效果\素材.mp4"和"音乐.mp3"文件，如图 2-158 所示。

（3）将"项目"面板中的"素材.mp4"拖入"时间轴"面板的 V1 轨道中，入点为 00:00:00:00，然后按【\】键，将其在时间轴中最大化显示，如图 2-159 所示。

图 2-158　导入素材　　　　　　图 2-159　将"素材.mp4"在时间轴中最大化显示

（4）按住【Alt】键，将V1轨道上的"素材.mp4"复制到V2轨道，如图2-160所示。

（5）切换到"图形"界面，然后在右侧"基本图形"面板的"编辑"选项卡中单击 （新建图层）按钮，从弹出的下拉菜单中选择"矩形"，如图2-161所示。此时"节目"监视器中会出现一个矩形，如图2-162所示，同时"时间轴"面板的V3轨道会自动产生一个图形素材。接着将"时间轴"面板V3轨道上的图形素材的长度设置为与V2轨道的"素材.mp4"等长，如图2-163所示。

 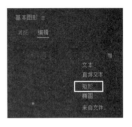

图2-160 将V1轨道上的"素材.mp4"复制到V2轨道　　图2-161 选择"矩形"

图2-162 "节目"监视器中会出现一个矩形　　图2-163 将V3轨道上的图形素材的长度设置为与V2轨道的"素材.mp4"等长

（6）在"节目"监视器中加大矩形的高度，为了便于后面调整矩形的大小，再将视图显示比例设置为25%，如图2-164所示。接着在"效果控件"面板中将"旋转"的数值设置为30.0，如图2-165所示，效果如图2-166所示。

图2-164 将视图显示比例设置为25%　　图2-165 将"旋转"的数值设置为30.0　　图2-166 将"旋转"的数值设置为30.0的效果

（7）此时旋转后的矩形高度不够，在"效果控件"面板中展开"缩放高度"，取消勾选"等比缩放"复选框，然后将"缩放高度"设置为150.0，如图2-167所示，效果如图2-168所示。

图2-167 将"缩放高度"设置为150.0　　　　图2-168 将"缩放高度"设置为150.0的效果

（8）制作矩形从画面左侧移动到画面右侧的动画。将时间定位在00:00:00:00的位置，然后在"效果控件"面板中将"位置"的数值设置为（-700.0,540.0），并记录一个"位置"关键帧，如图2-169所示，使矩形位于画面左侧，如图2-170所示。接着将时间定位在00:00:09:00的位置，在"效果控件"面板中将"位置"的数值设置为（2300.0,540.0），如图2-171所示，使矩形位于画面右侧，如图2-172所示。最后按空格键预览，就可以看到矩形从画面左侧移动到画面右侧的效果，如图2-173所示。

图2-169 将"位置"的数值设置为（-700.0,540.0）　　图2-170 矩形位于画面左侧

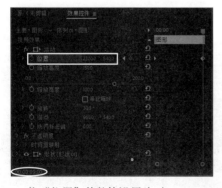

图2-171 将"位置"的数值设置为（-700.0,540.0）　　图2-172 矩形位于画面右侧

（9）制作玻璃效果。切换回原来的界面，然后在"效果"面板搜索栏中输入"轨道遮罩键"，如图2-174所示，再将"轨道遮罩键"视频特效拖给V2轨道上的"素材.mp4"素材。接着在"效果控件"面板"轨道遮罩键"特效中将"遮罩"设置为"视频3"，如图2-175所示。此时暂时关闭V1轨道的显示，如图2-176所示，拖动时间滑块就可以看到遮罩效果，如图2-177所示。

图 2-173　预览效果

图 2-174　输入"轨道遮罩键"

图 2-175　将"遮罩"设置为"视频 3"

图 2-176　关闭 V1 轨道的显示

图 2-177　遮罩效果

（10）恢复 V1 轨道的显示，然后选择 V2 轨道上的"素材.mp4"素材，在"效果控件"面板中将"缩放"的数值设置为 110.0，如图 2-178 所示，此时拖动时间滑块就可以看到类似于玻璃划过画面的效果，如图 2-179 所示。

图 2-178　将"缩放"的数值设置为 110.0

图 2-179　玻璃划过画面的效果

（11）制作玻璃划过区域清晰，而玻璃以外的区域模糊的效果。在"效果"面板搜索栏中输入"高斯模糊"，如图2-180所示，然后将"高斯模糊"视频特效拖给V1轨道上的"素材.mp4"素材。接着在"效果控件"面板"高斯模糊"特效中将"模糊度"设置为10.0，如图2-181所示。此时拖动时间滑块就可以看到玻璃划过区域清晰，而玻璃以外的区域模糊的效果，如图2-182所示。

图2-180　输入"高斯模糊"　　　　　图2-181　将"模糊度"设置为10.0

图2-182　玻璃划过区域清晰，而玻璃以外的区域模糊的效果

（12）为了使玻璃效果更加逼真，在"效果"面板搜索栏中输入"投影"，如图2-183所示，然后将"投影"视频特效拖给V2轨道上的"素材.mp4"素材。接着在"效果控件"面板"投影"特效中将"阴影颜色"设置为白色，"距离"的数值设置为0.0，"柔和度"的数值设置为30.0，如图2-184所示。此时画面中玻璃就产生了一种柔和的白色边缘效果，如图2-185所示。

图2-183　输入"投影"　　图2-184　设置"投影"参数　　图2-185　设置"投影"参数后的效果

（13）制作玻璃的厚度感。将"投影"视频特效再次拖给V2轨道上的"素材.mp4"素材。然后在"效果控件"面板第2个"投影"特效中将"阴影颜色"设置为黑色，"柔和度"的数值设置为25.0，如图2-186所示。此时画面中玻璃就产生了一种厚度感，如图2-187所示。

图 2-186 设置第 2 个"投影"特效的参数

图 2-187 玻璃产生了一种厚度感

（14）按空格键进行预览。

（15）至此，整个玻璃划过画面的效果制作完毕。执行"文件|项目管理"命令，将文件打包。然后执行"文件|导出|媒体"命令，将其输出为"玻璃划过效果.mp4"文件。

课后练习

一、填空题

1. 使用_____工具只会删除目标轨道中选定范围内的素材片断，对其前、后的素材以及其他轨道上的素材的位置不会产生影响；而使用_____工具不但会删除目标轨道中指定的片断，还会将其后的素材前移，填补空缺。

2. 利用_____命令，即可分离素材的视频和音频部分。

二、选择题

1. 下列哪些是 Premiere Pro CC 2018 可以导入的素材类型。（　　）

    A. AI　　　　　　　　B. SWF　　　　　　　　C. PSD　　　　　　　　D. MP3

2. 选择"工具"面板中的（　　）工具，可以在不改变素材内容长度的状态下，改变素材播放的时间长度，以达到改变片断播放速度的效果。

    A. 　　　B.　　　C.　　　D.

三、问答题/上机题

1. 简述设置图像素材的时间长度的方法。
2. 简述打包项目素材的方法。
3. 简述设置素材的入点和出点的方法。
4. 利用资源素材中的"课后练习\第2章\练习1"中的相关素材制作图 2-188 所示的多画面展示效果。

图 2-188　多画面展示效果

5. 利用资源素材中的"课后练习\第2章\练习2"中的相关素材制作图2-189所示的时间穿梭效果。

图 2-189　时间穿梭效果

第3章 视频过渡的应用

本章重点

在电视节目及电影的制作过程中,视频过渡是用于连接素材常用的手法。通过本章的学习,读者应掌握以下内容:
- 视频过渡的设置方法;
- 常用视频过渡的应用。

3.1 视频过渡的设置

在制作影片的过程中,镜头与镜头之间的连接和切换可分为有技巧切换和无技巧切换两种类型。其中,无技巧切换是指在镜头与镜头之间的直接切换,这是最基本的组接方法之一;而有技巧切换是指在镜头组接时加入淡入/淡出、叠化等视频转场过渡手法,使镜头之间的过渡更加多样化。

3.1.1 视频过渡的基本功能

在制作一部电影作品时,往往要用到成百上千的镜头。这些镜头的画面和视角大都千差万别,因此,直接将这些镜头连接在一起会让整部影片显示时断断续续。为此,在编辑影片时便需要在镜头之间添加视频过渡,使镜头与镜头间的过渡更为自然、顺畅,使影片的视觉连续性更强。

3.1.2 添加视频过渡

给素材添加视频过渡效果的具体操作步骤如下:

(1)执行"文件|导入"(快捷键是【Ctrl+I】)命令,导入资源素材中的"素材及结果\第3章 视频过渡的应用\海豹.jpg"和"企鹅.jpg"图片,然后将它们依次拖入时间轴中,并首尾相接,如图3-1所示。

图3-1 将素材拖入"时间轴"面板并首尾相接

(2) 执行"窗口|效果"命令，调出"效果"面板，然后展开"视频过渡"文件夹，从中选择所需的视频过渡（此时选择的是"3D运动"中的"翻转"），如图3-2所示。接着将该切换效果拖到时间轴"海豹.jpg"素材的尾部，当出现 标记后松开鼠标，即可完成切换效果的添加，此时"时间轴"面板如图3-3所示。

> **提示**
>
> 当出现 标记时，表示将在后面素材的起始处添加过渡效果；当出现 标记时，表示将在两个素材之间添加过渡效果；当出现 标记时，表示将在前面素材的结束处添加过渡效果。

> **提示**
>
> 将时间滑块定位在要添加视频过渡的两个素材的相交处，按快捷键【Ctrl+D】，可在素材之间添加一个系统默认的"交叉溶解"视频过渡。

图3-2 选择"翻转"选项　　　　图3-3 "时间轴"面板

3.1.3 改变视频过渡的设置

在Premiere Pro CC 2018中，可以对添加到剪辑上的切换效果进行设置，以满足不同特效的需要。在"时间轴"面板中选择添加到素材的切换（此时选择的是 翻转 ），此时在"效果控件"面板中便会显示出该视频转场的各项参数，如图3-4所示。

- （播放过渡）：单击该按钮，可以在下面的预览窗口中对效果进行预览。
- （显示/隐藏时间轴视图）：如果要增大切换控制面板空间，可以单击此按钮，将"效果控件"右侧进行隐藏，如图3-5所示；如果要取消隐藏，可以单击 按钮，即可恢复时间轴显示。
- 持续时间：用于设定切换的持续时间。
- 对齐：用于设置切换的添加位置。其下拉列表如图3-6所示。选择"中心切入"则会在两端影片之间加入切换效果，如图3-7所示；选择"起点切入"，则会以片段B的入点为准建立切点，如图3-8所示；选择"终点切入"选项，则会以片段A的出点位置为准建立切换，如图3-9所示。
- 开始：用于调整转场的开始效果。
- 结束：用于调整转场的结束效果。
- A和B：表示剪辑的切换画面，通常第一个剪辑的切换画面用A表示，第二个剪辑的切换画面用B表示。
- 显示实际源：勾选该复选框，将以实际的画面替代A和B，如图3-10所示。
- 反向：勾选该复选框后，将反向播放切换效果。图3-11所示为勾选"反向"复选框的效果。

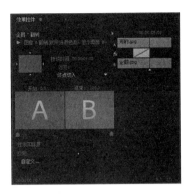 

图 3-4 "效果控件"面板　　　图 3-5 隐藏面板右侧的效果　　图 3-6 "对齐"下拉列表

图 3-7 "中心切入"的效果

图 3-8 "起点切入"的效果

图 3-9 "终点切入"的效果

图 3-10 勾选"显示实际源"复选框的效果　　　图 3-11 勾选"反向"复选框的效果

3.1.4 清除和替换视频过渡

在编排镜头的过程中,有些时候很难预料镜头在添加视频过渡后产生怎样的效果,此时往往需要通过清除、替换视频过渡的方法,尝试应用不同的视频过渡,并从中选择出最为合适的效果。

1. 清除视频过渡

清除视频过渡的具体操作步骤为:在"时间轴"面板中选择要清除的视频过渡,然后按【Delete】键即可。

2. 替换视频过渡

替换视频过渡的具体操作步骤为:在"效果"面板"视频过渡"文件夹中选择新的视频过渡,然后将其拖到要替换的视频过渡上即可。

3.2 视频过渡的分类

在 Premiere Pro CC 2018 中,视频过渡被放置在"效果"面板"视频过渡"文件夹中的 8 个子文件夹中,如图 3-12 所示。每种视频过渡都有其适合的应用范围,而了解这些视频过渡的不同效果与作用,则有利于制作出效果更好的影片。

3.2.1 3D 运动

"3D 运动"类视频过渡主要体现镜头之间的层次变化,从而给观众带来一种从二维空间到三维空间的立体视觉效果。"3D 运动"类视频过渡包括"立方体旋转"和"翻转"2 种视频过渡,如图 3-13 所示。

1. 立方体旋转

在"立方体旋转"视频过渡中,镜头 1 与镜头 2 画面都只是某个立方体的一个面,而整个视频过渡所展现的是在立方体旋转过程中,画面从一个面(镜头 1 画面)切换至另一个面(镜头 2 画面)的效果,如图 3-14 所示。

图 3-12 "视频过渡"文件夹

图 3-13 "3D 运动"类视频过渡

图 3-14 "立方体旋转"视频过渡的效果

2. 翻转

"翻转"视频过渡可以使镜头1翻转到镜头2。其中的镜头1和镜头2更像是平面物体的两个面,而该物体翻转结束后,朝向屏幕的画面由原来的镜头1画面改为了镜头2画面,效果如图3-15所示。

图3-15 "翻转"视频过渡的效果

3.2.2 划像

"划像"类视频过渡主要是将镜头2画面按照不同的形状(如圆形、方形、菱形等)在镜头1画面上展开,并最终覆盖镜头1画面。"划像"类视频过渡包括"交叉划像"、"圆划像"、"盒形划像"和"菱形划像"4种视频过渡,如图3-16所示。

1. 交叉划像

"交叉划像"视频过渡可以使镜头2画面以十字状的形态出现在镜头1画面中,然后随着"十字"的逐渐变大,镜头2画面会完全覆盖镜头1画面,效果如图3-17所示。

2. 圆划像

图3-16 "划像"类视频过渡

"圆划像"视频过渡可以使镜头2画面以圆形的形状出现,然后随着圆形形状的逐渐变大,镜头2画面会完全覆盖镜头1画面,效果如图3-18所示。

图3-17 "交叉划像"视频过渡的效果

图3-18 "圆划像"视频过渡的效果

3. 盒形划像

"盒形划像"视频过渡可以使镜头2画面以矩形的形状出现,然后随着矩形形状的逐渐变大,镜头2画面会完全覆盖镜头1画面,效果如图3-19所示。

图 3-19 "盒形划像"视频过渡的效果

4．菱形划像

"菱形划像"视频过渡可以使镜头 2 画面以菱形的形状出现，然后随着菱形形状的逐渐变大，镜头 2 画面会完全覆盖镜头 1 画面，效果如图 3-20 所示。

图 3-20 "菱形划像"视频过渡的效果

3.2.3　溶解

"溶解"类视频过渡主要以淡入/淡出的形式来完成不同镜头间的转场过渡，从而使前一个镜头中的画面以柔和的方式过渡到后一个镜头的画面中。"溶解"类视频过渡包括"MorphCut"、"交叉溶解"、"叠加溶解"、"白场过渡"、"黑场过渡"、"胶片溶解"和"非叠加溶解"7 种视频过渡，如图 3-21 所示。

1．MorphCut

"Morph Cut"视频过渡采用脸部跟踪和可选流插值的高级组合，在剪辑之间形成无缝过渡。如果处理得当，"Morph Cut"视频过渡可以实现无缝效果，从而使画面看起来就像拍摄视频一样自然。

2．交叉溶解

"交叉溶解"是系统默认的视频过渡，该视频过渡随着镜头 1 画面逐渐淡出的同时，镜头 2 画面逐渐淡入，直到完全显现，效果如图 3-22 所示。

图 3-21 "溶解"类视频过渡

3．白场过渡

"白场过渡"视频过渡是指镜头 1 画面在逐渐变为白色后，屏幕内容再从白色逐渐变为镜头 2 画面，效果如图 3-23 所示。

图 3-22 "交叉溶解"视频过渡的效果

图 3-23 "白场过渡"视频过渡的效果

4．胶片溶解

"胶片溶解"视频过渡与"交叉溶解"视频过渡类似，都是随着镜头 1 画面逐渐淡出的同时，镜头 2 画面逐渐淡入，直到完全显现，如图 3-24 所示。但与"交叉溶解"视频过渡相比，"胶片溶解"视频过渡中镜头 1 和镜头 2 之间的过渡会更加自然。

5．叠加溶解

"叠加溶解"视频过渡是在镜头 1 画面淡出和镜头 2 画面淡入的同时，附加一种屏幕内容逐渐过曝并消隐的效果，如图 3-25 所示。

图 3-24 "胶片溶解"视频过渡的效果

图 3-25 "叠加溶解"视频过渡的效果

6．非叠加溶解

"非叠加溶解"视频过渡会比较镜头 1 和镜头 2 画面的亮度，然后从镜头 2 画面较亮的区域逐渐显示，效果如图 3-26 所示。

图 3-26 "非叠加溶解"视频过渡的效果

7．黑色过渡

"黑色过渡"视频过渡是指镜头 1 画面在逐渐变为黑色后，屏幕内容再从黑色逐渐变为镜头 2 画面，效果如图 3-27 所示。

图 3-27 "黑色过渡"视频过渡的效果

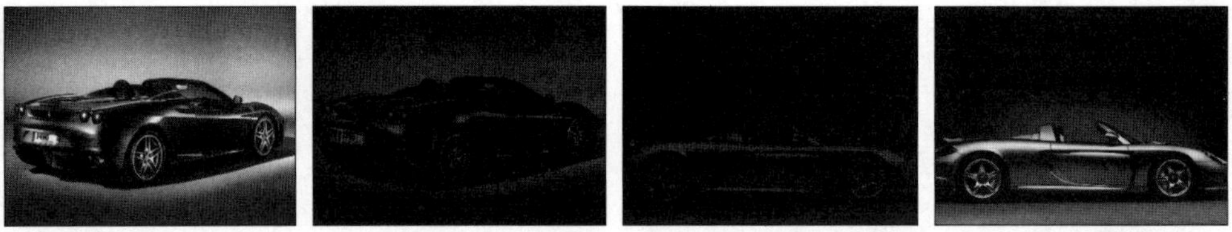

3.2.4 擦除

"擦除"类视频过渡是在画面的不同位置，以多种不同形式来抹除镜头 1 画面，然后显现出镜头 2 中的画面。"擦除"类视频过渡包括"划出"、"双侧平推门"、"带状擦除"、"径向擦除"、"插入"、"时钟式擦除"、"棋盘"、"棋盘擦除"、"楔形擦除"、"水波块"、"油漆飞溅"、"渐变擦除"、"百叶窗"、"螺旋框"、"随机块"、"随机擦除"和"风车" 17 种视频过渡，如图 3-28 所示。

1．划出

"划出"视频过渡可以使镜头 2 画面默认从屏幕左侧显现出来，然后逐渐推向右侧，直到镜头 2 画面完全占据屏幕为止，效果如图 3-29 所示。

2．双侧平推门

"双侧平推门"视频过渡可以使镜头 2 画面以极小的宽度，但长度与屏幕相同的尺寸显现在屏幕中央，然后镜头 2 画面会向左右两边同时伸展，直到完全覆盖镜头 1 画面，效果如图 3-30 所示。

图 3-28 "擦除"类视频过渡

3．带状擦除

"带状擦除"视频过渡可以使镜头 2 画面从水平方向以条状进入并覆盖镜头 1 画面，效果如图 3-31 所示。

4．径向擦除

"径向擦除"视频过渡默认是以屏幕左上角为圆心，以顺时针方向擦除镜头 1 画面，从而显现出后面的镜头 2 画面，效果如图 3-32 所示。

图 3-29 "划出"视频过渡的效果

图 3-30 "双侧平推门"视频过渡的效果

图 3-31 "带状擦除"视频过渡的效果

图 3-32 "径向擦除"视频过渡的效果

5．插入

"插入"视频过渡是通过一个逐渐放大的镜头框，将镜头1画面默认从屏幕的左上角开始擦除，直到完全显现出镜头2画面为止，效果如图3-33所示。

图 3-33 "插入"视频过渡的效果

6．时钟式擦除

"时钟式擦除"视频过渡是以屏幕中心为圆心，采用时钟转动的方式擦除镜头1画面，效果如图3-34所示。

图 3-34 "时钟式擦除"视频过渡的效果

7．棋盘

"棋盘"视频过渡可以使镜头1画面以棋盘方式默认从上往下消失而过渡到镜头2画面，效果如图3-35所示。

8．棋盘擦除

"棋盘擦除"视频过渡可以以棋盘划出的方式来显现镜头2画面，效果如图3-36所示。

图 3-35 "棋盘"视频过渡的效果

图 3-36 "棋盘擦除"视频过渡的效果

9．楔形擦除

"楔形擦除"视频过渡是以屏幕中心为圆心，将镜头2画面呈扇形打开，直到完全覆盖镜头1画面，效果如图3-37所示。

图 3-37 "楔形擦除"视频过渡的效果

10．水波块

"水波块"视频过渡可以将镜头2中的画面分成若干方块后，按水平顺序逐个覆盖镜头1画面，直到完全显现出镜头2画面为止，效果如图3-38所示。

图 3-38 "水波块"视频过渡的效果

11．油漆飞溅

"油漆飞溅"视频过渡可以使镜头2画面以墨点喷溅的方式覆盖镜头1画面，效果如图3-39所示。

图 3-39 "油漆飞溅"视频过渡的效果

12. 渐变擦除

"渐变擦除"视频过渡是以溶解图像的方式,从屏幕左上角往右下角将镜头1画面逐渐转换为镜头2画面,效果如图3-40所示。

图3-40 "渐变擦除"视频过渡的效果

13. 百叶窗

"百叶窗"视频过渡是将镜头1画面分割成若干个贯穿整个屏幕的横条,然后随着这些横条逐渐加粗,镜头1画面便会被镜头2画面所取代,效果如图3-41所示。

图3-41 "百叶窗"视频过渡的效果

14. 螺旋框

"螺旋框"视频过渡可以使镜头2画面以螺旋状逐渐旋转擦除镜头1画面,直至完全显现出镜头2画面,效果如图3-42所示。

图3-42 "螺旋框"视频过渡的效果

15. 随机块

"随机块"视频过渡可以使镜头2画面以方块状随机出现的方式覆盖镜头1画面,效果如图3-43所示。

图3-43 "随机块"视频过渡的效果

16. 随机擦除

"随机擦除"视频过渡可以使镜头2画面以随机块的方式默认屏幕顶部开始从上往下逐渐擦除镜

头 2 画面，效果如图 3-44 所示。

17．风车

"风车"视频过渡可以使镜头 2 画面以风轮状覆盖镜头 1 画面，效果如图 3-45 所示。

图 3-44 "随机擦除"视频过渡的效果

图 3-45 "风车"视频过渡的效果

3.2.5 滑动

"滑动"类视频过渡主要通过画面的平移变化来实现镜头画面间的切换。"滑动"类视频过渡包括"中心拆分"、"带状滑动"、"拆分"、"推"和"滑动"5 种视频过渡，如图 3-46 所示。

1．中心拆分

"中心拆分"视频过渡是将镜头 1 画面均分为 4 部分后，让这 4 部分镜头 1 画面同时向屏幕四角移动，直到移出屏幕，从而显现出镜头 2 画面，效果如图 3-47 所示。

2．带状滑动

"带状滑动"视频过渡可以使镜头 2 画面以条状从屏幕左右两侧滑入，并逐渐覆盖镜头 1 画面，效果如图 3-48 所示。

3．拆分

"拆分"视频过渡可以使镜头 1 画面像自动门一样从屏幕中央打开，从而显现出镜头 2 画面，效果如图 3-49 所示。

图 3-46 "滑动"类视频过渡

4．推

"推"视频过渡可以产生镜头 2 画面将镜头 1 画面推出屏幕的效果，效果如图 3-50 所示。

图 3-47 "中心拆分"视频过渡的效果

图 3-48 "带状滑动"视频过渡的效果

图 3-49 "拆分"视频过渡的效果

图 3-50 "推"视频过渡的效果

5．滑动

"滑动"视频过渡可以使镜头2画面默认从屏幕左侧滑入，然后覆盖镜头1画面，效果如图3-51所示。该视频过渡与"推"视频过渡的区别在于镜头2的位置始终没有改变。

图 3-51 "滑动"视频过渡的效果

3.2.6 缩放

"缩放"类视频过渡只有"交叉缩放"一种视频过渡，如图3-52所示。"交叉缩放"视频过渡可以使镜头1画面放大冲出屏幕，然后镜头2画面缩小进入，效果如图3-53所示。

3.2.7 页面剥落

"页面剥落"类视频过渡主要利用视频显示卡提供的附加视频处理功能来实现视频过渡，该类视频过渡中的第2个镜头往往会采用翻转或滚动等方式出现。"页面剥落"类视频过渡包括"翻页"和"页面剥落"2种视频过渡，如图3-54所示。

图 3-52 "缩放"类视频过渡

图 3-53 "交叉缩放"视频过渡的效果

1. 翻页

使用"翻页"视频过渡页面将翻转,但不发生卷曲,在翻转显示镜头2时,可以看见镜头1颠倒出现在页面的背面,效果如图3-55所示。

2. 页面剥落

"页面剥落"视频过渡可以从屏幕的一角卷起镜头1画面,并将镜头1画面卷至对角后,完全显示下面的镜头2画面,效果如图3-56所示。

图 3-54 "页面剥落"类视频过渡

图 3-55 "翻页"视频过渡的效果

图 3-56 "页面剥落"视频过渡的效果

3.2.8 沉浸式视频

"沉浸式视频"类视频过渡也就是VR类视频过渡,是指观察者视点不变,改变观察方向能够观察周围的全部场景。该类视频过渡主要用于视频转化时无缝转场。"沉浸式视频"类视频过渡包括"VR光圈擦除"、"VR光线"、"VR渐变擦除"、"VR漏光"、"VR球形模糊"、"VR色度泄漏"、"VR随机块"和"VR默比乌斯缩放"8种视频过渡,如图3-57所示。

1. VR光圈擦除

使用"VR光圈擦除"视频过渡可以使画面产生由一个中心小圆圈开始逐渐放大,然后形成两端的小圈,再逐渐消失的效果,如图3-58所示。

图 3-57 "沉浸式视频"类视频过渡

> 提示
>
> "VR光圈擦除"视频过渡也可以应用于文字,使文字产生逐渐出现的效果。

图 3-58 "VR 光圈擦除"视频过渡的效果

2. VR 光线

使用"VR 光线"视频过渡可以使画面产生由一个中心光斑开始,逐渐显现的效果,如图 3-59 所示。

图 3-59 "VR 光线"视频过渡的效果

3. VR 渐变擦除

使用"VR 渐变擦除"视频过渡可以使一个画面逐渐过渡到另一个画面,如图 3-60 所示。

图 3-60 "VR 渐变擦除"视频过渡的效果

4. VR 漏光

使用"VR 漏光"视频过渡可以使画面产生一种由彩色渐变逐渐过渡的效果,如图 3-61 所示。

图 3-61 "VR 漏光"视频过渡的效果

5. VR 球形模糊

使用"VR 球形模糊"视频过渡可以使画面产生一种快速模糊加旋转的过渡效果,如图 3-62 所示。

6. VR 色度泄漏

使用"VR 色度泄漏"视频过渡可以使画面产生一种淡入效果,如图 3-63 所示。

图 3-62 "VR 球形模糊"视频过渡的效果

图 3-63 "VR 色度泄漏"视频过渡的效果

7．VR 随机块

使用"VR 随机块"视频过渡可以使画面产生一种随机块的过渡效果，如图 3-64 所示。

图 3-64 "VR 随机块"视频过渡的效果

8．VR 默比乌斯缩放

使用"VR 默比乌斯缩放"视频过渡可以使画面产生由一个中心小圆圈开始，逐渐放大并向两侧拉伸变形，然后形成两端的小圈，再逐渐消失的效果，如图 3-65 所示。该视频过渡与"VR 光圈擦除"视频过渡的区别在于后者在放大过程中不存在拉伸变形。

图 3-65 "VR 默比乌斯缩放"视频过渡的效果

3.3　实例讲解

本节将通过"制作划出线效果"、"制作地标建筑视频展示效果"、"制作自定义视频过渡效果"和"制作多层切换效果"4 个实例来讲解 Premiere Pro CC 2018 的视频过渡在实践中的应用。

3.3.1 制作划出线效果

3.3.1 制作划出线效果

要点

本例将制作从校色前的视频逐渐划出到校色后的视频效果，如图3-66所示。通过本例的学习，读者应掌握利用"速度\持续时间"命令和■（比率拉伸工具）设置视频素材的持续时间，以及"划出"视频过渡的应用。

图 3-66 划出线效果

操作步骤

（1）启动 Premiere Pro CC 2018，执行"文件|新建|项目"（快捷键是【Ctrl+Alt+N】）命令，新建一个名称为"划出线效果"的项目文件。接着新建一个预设为"ARRI 1080p 25"的"序列01"序列文件。

（2）导入素材。执行"文件|导入"命令，导入资源素材中的"素材及结果\3.3.1 制作玻璃划过效果\素材1.mp4"和"素材2.mp4"文件，然后在"项目"面板下方单击■（图标视图）按钮，将素材以图标视图的方式进行显示，如图3-67所示。

（3）将"项目"面板中的"素材1.mp4"拖入"时间轴"面板的V1轨道中，入点为00:00:00:00，如图3-68所示。

图 3-67 导入素材　　　　　图 3-68 将"素材.mp4"拖入"时间轴"面板的V1轨道

（4）按空格键预览，会发现"素材1.mp4"的持续时间过短，右击V1轨道上的"素材1.mp4"，从弹出的快捷菜单中选择"速度\持续时间"命令，然后在弹出的"剪辑速度/持续时间"对话框中将"持续时间"设置为00:00:02:00（也就是2秒），如图3-69所示，单击"确定"按钮，此时"时间轴"面板如图3-70所示。

图 3-69 将"持续时间"设置为
00:00:02:00

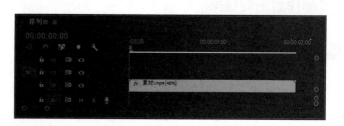

图 3-70 "时间轴"面板

（5）将"项目"面板中的"素材2.mp4"拖入"时间轴"面板的V2轨道中，入点为00:00:00:00，如图3-71所示。然后利用工具箱中的■（比率拉伸工具），将其长度设置为与V1轨道上的"素材1.mp4"素材等长，如图3-72所示。

图 3-71 将"素材2.mp4"拖入"时间轴"面板的V2轨道

图 3-72 设置V2轨道上的"素材2.mp4"与V1轨道上的"素材1.mp4"素材等长

（6）制作从"素材1.mp4"逐渐划出到"素材2.mp4"的效果。在"效果"面板的搜索栏中输入"划出"，如图3-73所示，然后将"划出"视频特效拖到V2轨道的"素材2.mp4"素材的起始位置，如图3-74所示。此时拖动时间滑块，就可以看到从校色前的"素材1.mp4"逐渐划出到校色后的"素材2.mp4"的效果了，如图3-75所示。

图 3-73 输入"划出"

图 3-74 将"划出"视频特效拖到V2轨道的"素材2.mp4"的起始位置

（7）制作两段素材之间的白色划出线效果。选择V2轨道起始位置的"划出"视频过渡，然后在"效果控件"面板中将"持续时间"设置为00:00:01:00，将"边框宽度"设置为5.0，"边框颜色"设置为白色,如图3-76所示,此时在"节目"监视器中就可以看到两段素材之间的白色划出线效果了,如图3-77所示。

图3-75 从校色前的"素材1.mp4"逐渐划出到校色后的"素材2.mp4"的效果

图3-76 设置"划出"视频过渡的参数　　　图3-77 两段素材之间的白色划出线效果

(8)按空格键预览。

(9)至此,整个划出线效果制作完毕。执行"文件|项目管理"命令,将文件打包。然后执行"文件|导出|媒体"命令,将其输出为"划出线效果.mp4"文件。

3.3.2 制作地标建筑视频展示效果

要点

本例将制作多个地标建筑视频的展示效果,如图3-78所示。通过本例的学习,读者应掌握"交叉溶解"、"菱形划像"、"胶片溶解"、"双侧平推门"和"百叶窗"视频过渡的应用。

操作步骤

(1)启动Premiere Pro CC 2018,执行"文件|新建|项目"(快捷键是【Ctrl+Alt+N】)命令,新建一个名称为"地标建筑视频展示效果"的项目文件。接着新建一个预设为"ARRI 1080p 25"的"序列01"序列文件。

(2)导入素材。执行"文件|导入"命令,导入资源素材中的"素材及结果\3.3.2制作地标建筑视频展示效果\素材1~素材6.mp4"和"背景音乐.mp3"文件,如图3-79所示。

(3)在"项目"面板中依次选择"素材1~素材6.mp4",然后将它们拖入"时间轴"面板的V1轨道中,入点为00:00:00:00,此时软件会根据选择素材的顺序将它们依次放入时间轴中,接着按【\】键,将素材在时间轴中最大化显示,如图3-80所示。

图 3-78 地标建筑视频展示效果

图 3-79 导入素材　　图 3-80 将"素材 1～素材 6.mp4"拖入"时间轴"面板并在时间轴中最大化显示

（4）在"素材 1.mp4"素材的起始位置添加默认的"交叉溶解"视频过渡。选择 V1 轨道上的"素材 1.mp4"素材，然后按快捷键【Ctrl+D】，从而在"素材 1.mp4"素材的起始位置添加一个默认的"交叉溶解"视频过渡，此时"时间轴"面板如图 3-81 所示。拖动时间滑块，即可看到在"素材 1.mp4"素材的起始位置添加"交叉溶解"视频过渡的效果，如图 3-82 所示。

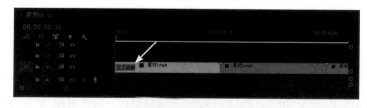

图 3-81 "时间轴"面板

图 3-82 "交叉溶解"视频过渡的效果

(5) 在"素材1.mp4"和"素材2.mp4"素材之间添加"菱形划像"视频过渡。在"效果"面板搜索栏中输入"菱形划像",如图3-83所示。然后将"菱形划像"视频过渡拖到V1轨道"素材1.mp4"和"素材2.mp4"素材之间,如图3-84所示。在弹出的图3-85所示的"过渡"对话框中单击"确定"按钮。此时拖动时间滑块,可以看到菱形划像效果,如图3-86所示。

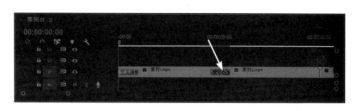

图 3-83　输入"菱形划像"　　图 3-84　将"菱形划像"视频过渡拖到 V1 轨道"素材 1.mp4"和"素材 2.mp4"素材之间

图 3-85　输入"菱形划像"　　图 3-86　菱形划像效果

(6) 在菱形边缘添加白色边框。选择V1轨道上"素材1.mp4"和"素材2.mp4"素材之间的"菱形划像",然后在"效果控件"面板中将"边框颜色"设置为白色,"边框宽度"设置为5.0,如图3-87所示,效果如图3-88所示。此时拖动时间滑块,可以看到"素材1.mp4"和"素材2.mp4"素材之间的"菱形划像"效果,如图3-89所示。

(7) 在"素材2.mp4"和"素材3.mp4"之间添加"胶片溶解"视频过渡。在"效果"面板搜索栏中输入"胶片溶解",如图3-90所示。然后将"胶片溶解"视频过渡拖到V1轨道"素材2.mp4"和"素材3.mp4"素材之间,如图3-91所示。在弹出的"过渡"对话框中单击"确定"按钮。此时拖动时间滑块,可以看到"素材2.mp4"和"素材3.mp4"素材之间的"胶片溶解"视频过渡效果,如图3-92所示。

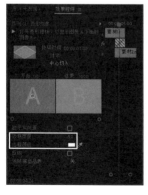

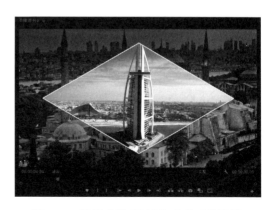

图 3-87　设置"菱形划像"参数　　图 3-88　设置"菱形划像"参数后的效果

图 3-89 "菱形划像"视频过渡效果

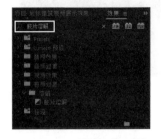

图 3-90 输入"胶片溶解"　　图 3-91 将"胶片溶解"视频过渡拖到 V1 轨道"素材 2.mp4"和"素材 3.mp4"素材之间

图 3-92 "胶片溶解"视频过渡效果

（8）在"素材 3.mp4"和"素材 4.mp4"素材之间添加"双侧平推门"视频过渡。在"效果"面板搜索栏中输入"双侧平推门"，如图 3-93 所示。然后将"双侧平推门"视频过渡拖到 V1 轨道"素材 3.mp4"和"素材 4.mp4"素材之间，如图 3-94 所示。在弹出的"过渡"对话框中单击"确定"按钮。此时拖动时间滑块，可以看到"素材 3.mp4"和"素材 4.mp4"素材之间的"双侧平推门"视频过渡效果，如图 3-95 所示。

（9）在"素材 4.mp4"和"素材 5.mp4"素材之间添加"百叶窗"视频过渡。在"效果"面板搜索栏中输入"百叶窗"，如图 3-96 所示。然后将"百叶窗"视频过渡拖到 V1 轨道"素材 4.mp4"和"素材 5.mp4"素材之间，如图 3-97 所示。在弹出的"过渡"对话框中单击"确定"按钮。此时拖动时间滑块，可以看到"素材 4.mp4"和"素材 5.mp4"素材之间的"百叶窗"视频过渡效果，如图 3-98 所示。

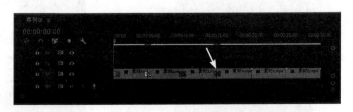

图 3-93 输入"双侧平推门"　　图 3-94 将"双侧平推门"视频过渡拖到 V1 轨道"素材 3.mp4"和"素材 4.mp4"素材之间

图 3-95 "双侧平推门"视频过渡效果

 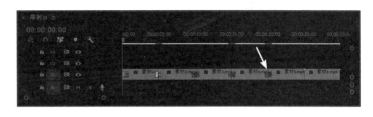

图 3-96 输入"百叶窗"　　图 3-97 将"百叶窗"视频过渡拖到 V1 轨道"素材 4.mp4"和"素材 5.mp4"素材之间

图 3-98 "百叶窗"视频过渡效果

（10）在"素材 5.mp4"和"素材 6.mp4"素材之间添加"菱形划像"视频过渡。在"效果"面板搜索栏中输入"菱形划像"，如图 3-99 所示。然后将"菱形划像"视频过渡拖到 V1 轨道"素材 54.mp4"和"素材 6.mp4"素材之间，如图 3-100 示。在弹出的"过渡"对话框中单击"确定"按钮。此时拖动时间滑块，可以看到"素材 4.mp4"和"素材 5.mp4"素材之间的"菱形划像"视频过渡效果，如图 3-101 所示。

 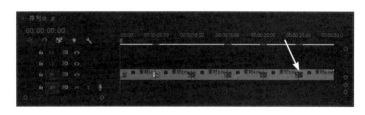

图 3-99 输入"菱形划像"　　图 3-100 将"菱形划像"视频过渡拖到 V1 轨道"素材 5.mp4"和"素材 6.mp4"素材之间

图 3-101 "菱形划像"视频过渡效果

（11）在菱形边缘添加反向的白色边框。选择V1轨道上"素材5.mp4"和"素材6.mp4"素材之间的"菱形划像"，然后在"效果控件"面板中将"边框颜色"设置为白色，"边框宽度"设置为5.0，并勾选"反向"复选框，如图3-102所示。此时拖动时间滑块，可以看到"素材1.mp4"和"素材2.mp4"素材之间的"菱形划像"效果，如图3-103所示。

图 3-102 设置"菱形划像"参数　　　　　　图 3-103 "菱形划像"视频过渡效果

（12）给视频添加背景音乐。将"项目"面板中的"背景音乐.mp3"拖入"时间轴"面板的A1轨道，入点为00:00:00:00，如图3-104所示。

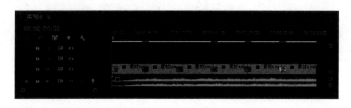

图 3-104 将"背景音乐.mp3"拖入"时间轴"面板的A1轨道，入点为00:00:00:00

（13）此时"时间轴"面板上方局部视频过渡的位置会显示一条红线，表示此时按空格键预览会出现明显的卡顿。执行"序列|渲染入点到出点的效果"（快捷键是【Enter】）命令，进行渲染。当渲染完成后整个视频会自动进行实时播放，此时时间轴上方的红线会变为绿线，如图3-105所示。

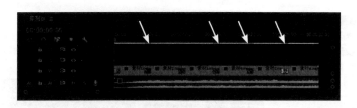

图 3-105 时间轴上方的红线变为了绿线

（14）至此，整个地标建筑视频展示效果制作完毕。执行"文件|项目管理"命令，将文件打包。然后执行"文件|导出|媒体"命令，将其输出为"地标建筑视频展示效果.mp4"文件。

3.3.3 制作自定义视频过渡效果

要点

本例将利用自定义的图像来制作视频过渡效果，如图3-106所示。通过本例的学习，应掌握设置"渐变擦除"视频过渡效果的方法。

图 3-106　自定义视频过渡效果

操作步骤

1. 编辑图片素材

（1）启动 Premiere Pro CC 2018，然后单击"新建项目"按钮，新建一个名称为"自定义视频过渡效果"的项目文件。接着新建一个 DV-PAL 制标准 48kHz 的"序列 01"序列文件。

（2）设置静止图片默认持续时间为 3 秒。执行"编辑|首选项|时间轴"命令，在弹出的"首选项"对话框中将"视频过渡默认持续时间"设置为 1 秒，将"静帧图像默认持续时间"设置为 3 秒。然后在"参数"对话框左侧选择"媒体"，再在右侧将"不确定的媒体时基"设置为帧/s，单击"确定"按钮。

（3）导入图片素材。执行"文件|导入"命令，导入资源素材中的"素材及结果\3.3.3 制作自定义视频过渡效果\鲜花 1.jpg"～鲜花 4.jpg"文件，并将它们以图标视图的方式进行显示，如图 3-107 所示。

（4）在"项目"面板中按住【Ctrl】键，依次选择"鲜花 1.jpg ～鲜花 4.jpg"素材，然后将它们拖入"时间轴"面板的 V1 轨道中，入点为 00:00:00:00。此时"时间轴"面板会按照素材选择的先后顺序将素材依次排列，如图 3-108 所示。

图 3-107　"项目"面板

图 3-108　"时间轴"面板

2. 添加自定义转场效果

（1）在"鲜花 1.jpg"和"鲜花 2.jpg"之间添加"渐变擦除"视频过渡。在"效果"面板搜索栏中输入"渐变擦除"，如图 3-109 所示。再将其拖到"时间轴"面板的 V1 轨道中"鲜花 1.jpg"和"鲜花 2.jpg"之间的位置，此时鼠标会变为 形状，接着松开鼠标按钮。再在弹出的图 3-110 所示的"渐变擦除设置"对话框中单击 选择图像 按钮，弹出的"打开"对话框中选择资源素材中的"素材及结果\3.3.3 制作自定义视频过渡效果\对称灰度图.jpg"图片，如图3-111所示，单击"打开"按钮，回到"渐变擦除设置"对话框，如图3-112所示，再单击"确定"按钮，即可将"渐变擦除"视频过渡添加到"鲜花1.jpg"和"鲜花2.jpg"之间的位置，如图3-113所示。

图 3-109　选择"渐变擦除"视频过渡

图 3-110　"渐变擦除设置"对话框 1

图 3-111　选择"对称灰度图 .jpg"图片

图 3-112　"渐变擦除设置"对话框 2

图 3-113　在"鲜花 1.jpg"和"鲜花 2.jpg"之间添加"渐变擦除"视频过渡

（2）按空格键进行预览，即可看到"鲜花1.jpg"与"鲜花2.jpg"素材之间的渐变擦除效果，如图3-114所示。

提示

如果要对"渐变擦除"的图像进行替换，可以在"时间轴"面板中选择要替换的"渐变擦除"视频过渡，然后在"效果控件"面板中单击 自定义 按钮，如图3-115所示，在弹出的对话框中进行替换。

（3）同理，在"鲜花2"和"鲜花3"之间添加"渐变擦除"视频过渡，并选择擦除图像（选择资源素材中的"素材及结果\3.3.3 制作自定义视频过渡效果\螺旋形灰度图 .jpg"图片），如图3-116所示。然后按空格键进行预览，即可看到"鲜花2.jpg"与"鲜花3.jpg"素材之间的渐变擦除效果，如图3-117所示。

图 3-114　"鲜花 1.jpg"与"鲜花 2.jpg"素材之间的渐变擦除效果　　　　图 3-115　单击"自定义"按钮

图 3-116　选择"螺旋形灰度图 .jpg"后的效果　　　图 3-117　"鲜花 2.jpg"与"鲜花 3.jpg"素材之间的
　　　　　　　　　　　　　　　　　　　　　　　　　　　　　　　　渐变擦除效果

（4）同理，在"鲜花 3"和"鲜花 4"之间添加"渐变擦除"视频过渡，并选择擦除图像（选择资源素材中的"素材及结果\3.3.3 制作自定义视频过渡效果\圆形灰度图 .jpg"图片），如图 3-118 所示。此时"时间轴"面板如图 3-119 所示。然后按空格键进行预览，即可看到"鲜花 3.jpg"与"鲜花 4.jpg"素材之间的渐变擦除效果，如图 3-120 所示。

 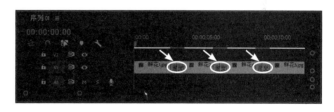

图 3-118　选择"圆形灰度图 .jpg"后的效果　　　　图 3-119　"时间轴"面板

图 3-120　"鲜花 3.jpg"与"鲜花 4.jpg"素材之间的渐变擦除效果

（5）至此，自定义视频过渡效果制作完毕。执行"文件|项目管理"命令，将文件打包。然后执行"文件|导出|媒体"（快捷键【Ctrl+M】）命令，将其输出为"自定义视频过渡效果 .mp4"文件。

视频

3.3.4 制作多层切换效果

3.3.4 制作多层切换效果

要点

本例将制作多层上的多张图片一起进行转场的效果，如图3-121所示。通过本例的学习，读者应掌握制作字幕、调整图片的位置和大小、复制粘贴关键帧参数以及常用视频过渡效果的综合应用。

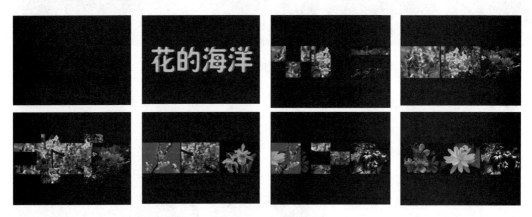

图3-121 多层切换效果

操作步骤

1. 制作蓝色背景

（1）启动Premiere Pro CC 2018，执行"文件|新建|项目"（快捷键是【Ctrl+Alt+N】）命令，新建一个名称为"多层切换效果"的项目文件。接着新建一个预设为"ARRI 1 080p 25"的"序列01"序列文件。

（2）制作蓝色背景。单击"项目"面板下方的（新建项）按钮，然后从弹出的快捷菜单中选择"颜色遮罩"命令，如图3-122所示。接着在弹出的"新建颜色遮罩"对话框中保持默认参数，如图3-123所示，单击"确定"按钮。再在弹出的"颜色拾取"对话框中设置一种蓝色（RGB为（0，0，200）），如图3-124所示，单击"确定"按钮，最后在弹出的"选择名称"对话框中保持默认参数，如图3-125所示，单击"确定"按钮，即可完成蓝色背景的创建，此时"项目"面板如图3-126所示。

（3）从"项目"面板中将"颜色遮罩"拖入"时间轴"面板的V1轨道中，入点为00:00:00:00，然后设置该素材的持续时间设置为8秒，此时"时间轴"面板如图3-127所示。

图3-122 选择"颜色遮罩"命令

图3-123 "新建颜色遮罩"对话框

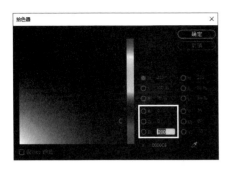  

图 3-124　设置一种蓝色　　　图 3-125　"选择名称"对话框　　　图 3-126　"项目"面板

图 3-127　"时间轴"面板

2．制作"字幕 01"字幕

（1）执行"文件|新建|旧版标题"命令，在弹出的"新建字幕"对话框中保持默认参数，如图 3-128 所示，单击"确定"按钮，进入"字幕 01"字幕的设计窗口，如图 3-129 所示。

 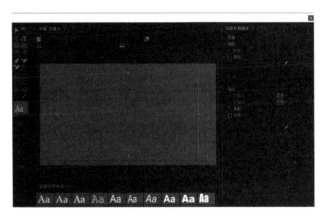

图 3-128　"新建字幕"对话框　　　　　图 3-129　"字幕 01"字幕设计窗口

（2）输入文字。选择"字幕工具"面板中的 ■（文字工具），然后在"字幕面板"编辑窗口中输入"花的海洋"4 个字，接着在"字幕属性"面板中设置"字体"为"汉仪秀英体简"，"字体大小"为 260.0。再分别单击"字幕动作"面板中的 ■（垂直居中）和 ■（水平居中）按钮，将文字居中对齐。最后将"填充"区域下的"色彩"设置为黄色（RGB（255，255，0）），如图 3-130 所示。

（3）对文字进行进一步设置。单击"描边"区域中"外侧边"右侧的"添加"命令，然后在添加的外侧边中将"类型"设置为"边缘"，将"大小"设置为 25.0，将"填充类型"设置为"四色渐变"。接着将"色彩"左上角的颜色数值设置为 RGB（250，110，0），将右上角的颜色数值设置为 RGB（250，70，100），将右下角的颜色数值设置为 RGB（0，120，200），将左下角的颜色数值设置为 RGB（50，240，20）。最后勾选"阴影"复选框，效果如图 3-131 所示。

（4）单击字幕设计窗口右上角的 ■ 按钮，关闭字幕设计窗口，此时创建的"花的海洋"字幕会自动添加到"项目"面板中,如图3-132所示。

(5)将"花的海洋"字幕素材拖入"时间轴"面板。从"项目"面板中将"花的海洋"字幕素材拖入"时间轴"面板的V2轨道中,入点为00:00:00:00。然后将该素材的持续时间设置为00:00:02:00,如图3-133所示。

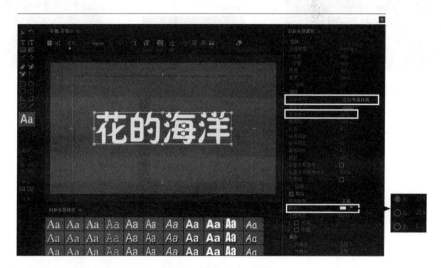

图3-130 输入文字

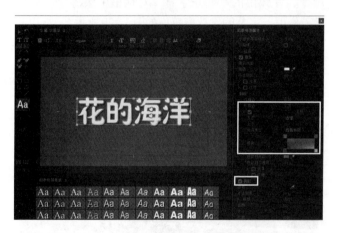

图3-131 设置"外描边"和"阴影"参数

图3-132 "项目"面板

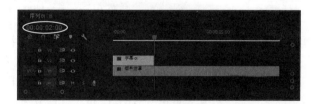

图3-133 "时间轴"面板

3. 制作图片的视频过渡效果

(1)将要导入的素材的默认持续时间统一设置为2秒、视频过渡默认持续时间设置为20帧。执行"编辑|首选项|时间轴"命令,从弹出的"首选项"对话框中将"静止图像默认持续时间"设置为2秒,将"视频过渡默认持续时间"设置为20帧,如图3-134所示,单击"确定"按钮。

第3章 视频过渡的应用

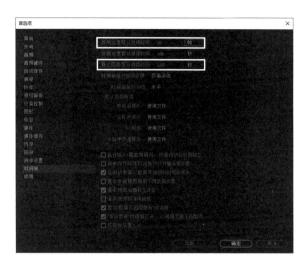

图3-134 将"静帧图像默认持续时间"设置为50帧

（2）导入鲜花素材。执行"文件|导入"命令，然后在弹出的"导入"对话框中选择资源素材中的"素材及结果\3.3.4制作多层切换效果\ 020.jpg～028.jpg"图片文件，如图3-135所示，单击"打开"按钮，即可将这些图片素材导入"项目"面板，如图3-136所示。

（3）将"项目"面板中的"020.jpg"素材拖入"时间轴"面板的V2轨道中，入点为00:00:02:00，此时"时间轴"面板如图3-137所示，效果如图3-138所示。

图3-135 选择"020.jpg～028.jpg"图片文件

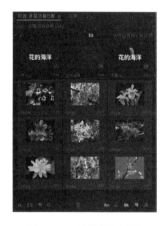

图3-136 "项目"面板

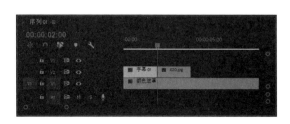

图3-137 将"020.jpg"素材拖入V2轨道

图3-138 画面效果

- 89 -

提示

由于前面在"首选项"对话框中将"静止图像默认持续时间"设置为2秒,因此此时添加的静帧图像默认持续时间为2秒。

(4)调整"020.jpg"素材的尺寸和位置。选择V2轨道上的"020.jpg"素材,然后在"效果控件"面板中将"缩放"设置为60.0,将"位置"坐标设置为(330.0,540.0),如图3-139所示,效果如图3-140所示。

图 3-139　调整"020.jpg"素材的尺寸和位置　　图 3-140　调整"020.jpg"素材的尺寸和位置后的画面效果

(5)同理,将"项目"面板中的"021.jpg"素材拖入"时间轴"面板的V3轨道中,入点为00:00:02:00,此时"时间轴"面板如图3-141所示,效果如图3-142所示。然后选择V3轨道上的"021.jpg"素材,然后在"效果控件"面板中将"缩放"设置为60.0,将"位置"坐标设置为(330.0,540.0),如图3-143所示,效果如图3-144所示。

图 3-141　将"021.jpg"素材拖入 V3 轨道　　　　　图 3-142　画面效果

图 3-143　调整"021.jpg"素材的尺寸和位置　　图 3-144　调整"021.jpg"素材的尺寸和位置后的画面效果

(6)同理,将"项目"面板中的"022.jpg"素材拖入"时间轴"面板的V3轨道上方,此时会自动产生一个V4轨道,此时"时间轴"面板如图3-145所示,效果如图3-146所示。然后选择V4轨道上的"022.jpg"素材,然后在"效果控件"面板中将"缩放"设置为60.0,将"位置"坐标设置为(1595.0,540.0),如图3-147所示,效果如图3-148所示。

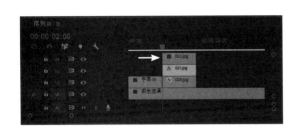

图3-145 将"021.jpg"素材拖入V3轨道　　　图3-146 画面效果

图3-147 调整"022.jpg"素材的尺寸和位置　　图3-148 调整"022.jpg"素材的尺寸和位置后的画面效果

（7）制作"020.jpg～022.jpg"素材开头的视频过渡效果。在"效果"面板中搜索栏中输入"棋盘",然后将"棋盘"视频特效拖给V2轨道上的"020.jpg"素材的起始位置。接着在"效果"面板中搜索栏中输入"划出",再将"划出"视频特效拖给V3轨道上的"021.jpg"素材的起始位置。最后,在"效果"面板中搜索栏中输入"带状擦除",再将"带状擦除"视频特效拖给V4轨道上的"022.jpg"素材的起始位置,此时"时间轴"面板如图3-149所示。

提示

由于前面在"首选项"对话框中将"视频过渡默认持续时间"设置为20帧,因此此时添加的视频过渡默认持续时间为20帧。

图3-149 "时间轴"面板

（8）在00:00:02:00～00:00:02:20之间拖动时间滑块,效果如图3-150所示。

图 3-150　预览效果

（9）将"项目"面板中的"023.jpg"和"026.jpg"素材依次拖入"时间轴"面板的V2轨道，然后将"项目"面板中的"024.jpg"和"027.jpg"素材依次拖入"时间轴"面板的V3轨道。接着将"项目"面板中的"025.jpg"和"026.jpg"素材依次拖入"时间轴"面板的V4轨道，此时"时间轴"面板如图3-151所示。

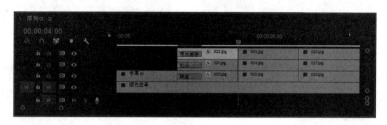

图 3-151　"时间轴"面板

（10）将V2轨道"020.jpg"素材的"位置"和"缩放"属性复制给"023.jpg"和"026.jpg"素材。右击V2轨道"020.jpg"素材，从弹出的快捷菜单中选择"复制"命令，然后同时框选V2轨道上的"023.jpg"和"026.jpg"素材，右击，从弹出的快捷菜单中选择"粘贴属性"命令，接着在弹出的"粘贴属性"对话框中勾选"运动"复选框，如图3-152所示，单击"确定"按钮，即可将V2轨道"020.jpg"素材的"位置"和"缩放"属性复制给"023.jpg"和"026.jpg"素材。

（11）同理，将V3轨道"021.jpg"素材的"位置"和"缩放"属性复制给"024.jpg"和"027.jpg"素材。再将V4轨道"025.jpg"素材的"位置"和"缩放"属性复制给"025.jpg"和"028.jpg"素材。此时拖动时间滑块，观看复制粘贴属性后的效果如图3-153所示。

图 3-152　勾选"运动"复选框　　　　　图 3-153　复制粘贴属性后的效果

（12）制作"023.jpg～025.jpg"素材开头的视频过渡效果。在"效果"面板中搜索栏中输入"带状滑动",然后将"带状滑动"视频特效拖给V2轨道上的"023.jpg"素材的起始位置。接着在"效果"面板中搜索栏中输入"时钟式擦除",再将"时钟式擦除"视频特效拖给V3轨道上的"024.jpg"素材的起始位置。最后在"效果"面板搜索栏中输入"风车",再将"带状擦除"视频特效拖给V4轨道上的"025.jpg"素材的起始位置。此时在00:00:04:00~00:00:04:20之间拖动时间滑块,效果如图3-154所示。

图3-154 预览效果

（13）制作"026.jpg ~028.jpg"素材开头的视频过渡效果。在"效果"面板中搜索栏中输入"双侧平推门",然后将"双侧平推门"视频特效拖给V2轨道上的"026.jpg"素材的起始位置。接着在"效果"面板搜索栏中输入"百叶窗",再将"百叶窗"视频特效拖给V3轨道上的"027.jpg"素材的起始位置。最后在"效果"面板中搜索栏中输入"菱形划像",再将"菱形划像"视频特效拖给V4轨道上的"028.jpg"素材的起始位置,此时,"时间轴"面板如图3-155所示。下面在00:00:06:00~00:00:06:20之间拖动时间滑块,效果如图3-156所示。

图3-155 "时间轴"面板

图3-156 预览效果

（14）在V2轨道"字幕01"的起始位置添加默认"交叉溶解"视频过渡效果。选择V2轨道"字幕01",然后按快捷键【Ctrl+D】,即可在"字幕01"的起始位置添加默认"交叉溶解"视频过渡效果,此时"时间轴"面板如图3-157所示。

图3-157 "时间轴"面板

（15）按空格键进行预览。

（16）至此，多层切换效果制作完毕。执行"文件|项目管理"命令，将文件打包。然后执行"文件|导出|媒体"（快捷键〈Ctrl+M〉）命令，将其输出为"多层切换效果.mp4"文件。

课后练习

一、填空题

1. 将时间滑块定位在要添加视频过渡的两个素材的相交处，按快捷键【Ctrl+D】，可在素材之间添加一个系统默认的_____视频过渡。

2. 在"时间轴"面板中选择要清除的视频过渡，然后按_____键即可将其清除。

二、选择题

1. 当出现_____标记时，表示将在后面素材的起始处添加过渡效果；当出现_____标记时，表示将在两个素材之间添加过渡效果；当出现_____标记时，表示将在前面素材的结束处添加过渡效果。

   A. ■ B. ■ C. ■ D. 滑动

2. "效果"面板"视频过渡"文件夹中共有多少类视频过渡。（   ）

   A. 6 B. 7 C. 8 D. 9

三、问答题/上机题

1. 简述添加视频过渡的方法。

2. 利用资源素材中的"课后练习\第3章\练习1"相关素材制作图3-158所示的四季过渡效果。

图3-158 四季过渡效果

3. 利用资源素材中的"课后练习\第3章\练习2"相关素材制作图3-159所示的卷页切换效果。

图3-159 卷页效果

第4章 视频效果的应用

**本章重点**

在影视节目的后期制作过程中,特效的应用既能够使影片在视觉上更为精彩,又能够帮助用户完成一些现实生活中无法完成的拍摄工作。也就是,视频效果技术不仅可以使枯燥无味的画面变得生动有趣,还可以弥补拍摄过程中造成的画面缺陷问题。Premiere Pro CC 2018提供了多种类型的视频效果供用户使用,通过本章学习,读者应掌握以下内容:
- 视频效果的设置方法;
- 常用视频效果的应用。

4.1 视频效果的设置

在Premiere Pro CC 2018中提供了大量的视频效果,它们可以应用在视频、图片和文字上,通过这些视频效果,用户可以随心所欲的创作出丰富多彩的视觉效果。这里所说的视频效果指的是Premiere封装好的程序,专门用于处理视频画面,并且按照指定的要求实现各种视觉效果。

4.1.1 添加视频效果

给素材添加视频效果的具体操作步骤如下:

(1) 执行"文件|导入"(快捷键【Ctrl+I】)命令,导入资源素材中的"素材及结果\风景.jpg"图片,然后将其拖入"时间轴"面板,如图4-1所示。

图4-1 将"风景.jpg"拖入"时间轴"面板

(2) 执行"窗口|效果"命令,调出"效果"面板,然后展开"视频效果"文件夹,从中选择所需的视频切换(此时选择的是"风格化"中的"马赛克"),如图4-2所示。接着将该视频效果拖到时间轴"风景.jpg"素材上即可,如图4-3所示。

图 4-2 选择"马赛克"

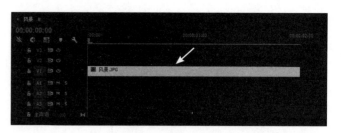

图 4-3 将"马赛克"特效添加到"风景.jpg"上

4.1.2 编辑视频效果

1. 改变视频效果的设置

改变视频效果设置的具体操作步骤如下:

(1) 在"时间轴"面板中选择要调整视频效果参数的素材(此时选择的是"风景.jpg")。

(2) 在"效果控件"面板中选择要调整参数的特效(此时选择的是前面添加的"马赛克"特效),将其展开,如图 4-4 所示。

(3) 对特效参数进行设置后即可看到效果,如图 4-5 所示。

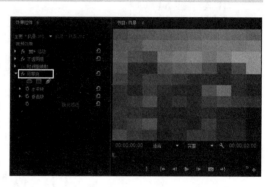

图 4-4 展开"马赛克"特效

提示

如果要恢复默认的视频效果的设置,只要在"效果控件"面板中单击要恢复默认设置的视频效果后面的 ▣ (重置)按钮即可。

(4) 在编辑过程中有时需要取消某个视频效果的显示,此时单击要取消的视频效果前面的 ▣ 按钮,即可取消该视频效果的显示,如图 4-6 所示。

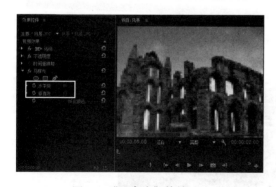

图 4-5 "马赛克"特效

图 4-6 取消"马赛克"特效的显示

2. 删除视频效果

当某段素材不再需要视频效果时,可以将其进行删除。删除视频效果具体操作步骤如下:

(1) 在"效果控件"面板中选择要删除的视频效果。

(2) 按【Delete】键,即可将该视频效果进行删除。

3. 复制/粘贴视频效果

当多个素材要使用相同的视频效果时，复制、粘贴视频效果可以减少操作步骤，加快影片剪辑的速度。复制/粘贴视频效果的具体操作步骤如下：

（1）选择要复制视频效果的素材（此时选择的"风景.JPG"）。然后在"效果控件"面板中右击要复制的视频效果（此时选择的是"马赛克"特效），从弹出的快捷菜单中选择"复制"命令，如图4-7所示。

（2）选择要粘贴视频效果的素材（此时选择的"人物.jpg"），然后右击"效果控件"面板的空白区域，从弹出的快捷菜单中选择"粘贴"命令，如图4-8所示，即可将复制的视频效果（"马赛克"效果）粘贴到新的素材上，效果如图4-9所示。

图 4-7 选择"复制"命令

图 4-8 选择"粘贴"命令

图 4-9 在新素材上"粘贴"视频效果后的效果

4.2 视频效果的分类

在 Premiere Pro CC 2018 中，系统提供了多种视频效果。这些视频效果被分类后放置在"效果"面板"视频效果"文件夹中的18个文件夹中，如图4-10所示。每种视频效果都有其适合的应用范围，而了解这些视频效果的不同效果与作用，则有利于制作出效果更好的影片。

4.2.1 变换

"变换"类视频效果用于使素材产生二维或三维的变化。"变换"类视频效果包括"垂直翻转"、"水平翻转"、"羽化边缘"和"裁剪"4种视频效果，如图4-11所示。

1．垂直翻转

"垂直翻转"视频效果可以使画面沿水平方向翻转180°，类似于倒影效果。图4-12所示为源素材，图4-13所示为应用"垂直翻转"视频效果后的效果。

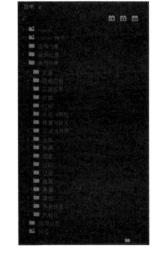

图 4-10 "视频效果"文件夹

2．水平翻转

"水平翻转"视频效果可以使画面沿垂直方向翻转180°。图4-14所示为源素材，图4-15所示为应用"水平翻转"视频效果后的效果。

3．羽化边缘

"羽化边缘"视频效果可以在画面周围产生羽化的效果。图4-16所示为源素材，图4-17所示为应用"羽化边缘"视频效果后的效果。

图 4-11 "变换"类文件夹

图 4-12 源素材

图 4-13 "垂直翻转"视频效果的效果

图 4-14 源素材

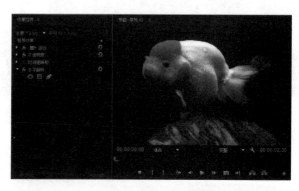
图 4-15 应用"水平翻转"视频效果后的效果

图 4-16 源素材

图 4-17 应用"羽化边缘"视频效果的效果

4．裁剪

"裁剪"视频效果可以对画面进行切割处理，修改素材的尺寸。图4-18所示为源素材，图4-19所示为应用"裁剪"视频效果后的效果。

图 4-18　源素材

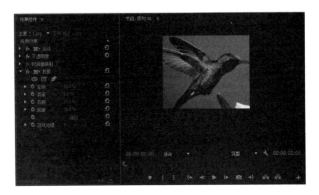
图 4-19　应用"裁剪"视频效果后的效果

4.2.2　图像控制

"图像控制"类视频效果的主要功能是更改或替换素材画面内的某些颜色,从而达到突出画面内容的目的。"图像控制"类视频效果包括"灰度系数校正"、"颜色平衡(RGB)"、"颜色替换"、"颜色过滤"和"黑白"5种视频效果,如图4-20所示。

1. 灰度系数校正

"灰度系数校正"可以在不改变画面高亮区域和低亮区域的情况下,使画面变亮或变暗。图4-21所示为源素材,图4-22所示为应用"灰度系数校正"视频效果后的效果。

图 4-20　"图像控制"类文件夹

图 4-21　源素材

图 4-22　应用"灰度系数校正"视频效果后的效果

2. 颜色平衡(RGB)

"颜色平衡(RGB)"视频效果可以按RGB颜色模式调节画面的颜色,从而达到校色的目的。图4-23所示为源素材,图4-24所示为应用"颜色平衡(RGB)"视频效果后的效果。

3. 颜色过滤

"颜色过滤"视频效果可以将用户指定颜色及其相近色之外的彩色区域全部变为灰度图像。在实际应用中,通常用于过滤画面内除主人公以外的其他人物及景物色彩,从而达到突出主要人物的目的。图4-25所示为源素材,图4-26所示为应用"颜色过滤"视频效果后的效果。

图 4-23　源素材　　　　　　图 4-24　应用"颜色平衡（RGB）"视频效果后的效果

图 4-25　源素材　　　　　　图 4-26　应用"颜色过滤"视频效果后的效果

4．颜色替换

"颜色替换"视频效果可以将画面中选择的颜色替换成一个新的颜色，且保持不变的灰度级。图 4-27 所示为源素材，图 4-28 所示为应用"颜色替换"视频效果后的效果。

图 4-27　源素材　　　　　　图 4-28　应用"颜色替换"视频效果后的效果

5．黑白

"黑白"视频效果可以将任何彩色素材的画面变为灰度图。图 4-29 所示为源素材，图 4-30 所示为应用"黑白"视频效果后的效果。

图 4-29　源素材　　　　　　　图 4-30　应用"黑白"视频效果后的效果

4.2.3　实用程序

"实用程序"类视频效果只有"Cineon 转换"一种视频效果，如图 4-31 所示。

"Cineon 转换"视频效果提供了一个高度数的 Cineon 图像的颜色转换器，利用该颜色转换器可以产生电影画面的转换效果。图 4-32 所示为源素材，图 4-33 所示为应用"Cineon 转换"视频效果后的效果。

在"Cineon 转换"视频效果的参数面板中，其参数的具体含义如下：

图 4-31　"实用程序"类文件夹

图 4-32　源素材　　　　　　　图 4-33　应用"Cineon 转换"视频效果后的效果

- 转换类型：用于指定 Cineon 文件被转换的方式。
- 10 位黑场：为转换为 10 位对数的 Cineon 层指定黑点（最小密度）。
- 内部黑场：用于指定黑点在层中的使用量。
- 10 位白场：为转换为 10 位对数的 Cineon 层指定白点（最大密度）。
- 内部白场：用于指定白点在层中的使用量。
- 灰度系数：用于指定中间色调值。
- 高光滤除：用于指定输出值校正高亮区域的亮度。

4.2.4 扭曲

"扭曲"类视频效果的主要用于对图像进行几何变形。"扭曲"类视频效果包括"位移"、"变形稳定器"、"变换"、"放大"、"旋转"、"果冻效应修复"、"波形变形"、"球面化"、"紊乱置换"、"边角定位"、"镜像"和"镜头扭曲"12种视频效果，如图4-34所示。

1．位移

"位移"视频效果可以将画面进行偏移复制，从而产生虚影效果。图4-35所示为源素材，图4-36所示为应用"位移"视频效果后的效果。

2．变形稳定器

"变形稳定器"视频效果可以稳定运动，消除录制的视频文件中因摄像机移动造成的抖动，从而可将摇晃的手持素材转变为稳定、流畅的拍摄内容。

图 4-34 "扭曲"类视频效果

图 4-35 源素材

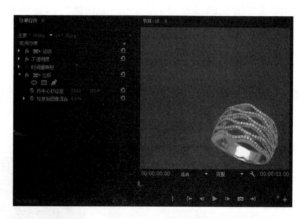

图 4-36 应用"位移"视频效果后的效果

3．变换

"变换"视频效果可以对画面应用二维几何转换效果。用户通过"效果控件"面板可以调整画面的位置、尺寸、透明度、倾斜度等综合设置。图4-37所示为源素材，图4-38所示为应用"变换"视频效果后的效果。

图 4-37 源素材

图 4-38 应用"变换"视频效果后的效果

4．放大

"放大"视频效果可以放大显示素材画面中的指定位置，从而模拟人们使用放大镜观察物体的效果。图4-39所示为源素材，图4-40所示为应用"放大"视频效果后的效果。

图4-39　源素材

图4-40　应用"放大"视频效果后的效果

5．旋转

"旋转"视频效果能够使画面产生一种扭曲、变形，仿佛是照哈哈镜的效果。图4-41所示为源素材，图4-42所示为应用"旋转"视频效果后的效果。

图4-41　源素材

图4-42　应用"旋转"视频效果的效果

6．果冻效应修复

"果冻效应修复"视频效果能够修复摄像机、或拍摄对象移动而产生的扭曲伪像。

7．波形变形

"波形变形"视频效果可以使素材画面变形为波浪的形状。图4-43所示为源素材，图4-44所示为应用"波形变形"视频效果后的效果。

8．球面化

"球面化"视频效果可以使素材画面产生球面化的形状。图4-45所示为源素材，图4-46所示为应用"球面化"视频效果后的效果。

在"球面化"视频效果的参数面板中，其参数的具体含义如下：
- 半径：用于设置球形半径。
- 球面中心：用于设置球形中心的坐标。

图 4-43 源素材

图 4-44 应用"波形变形"视频效果的效果

图 4-45 源素材

图 4-46 应用"球面化"视频效果后的效果

9. 紊乱置换

"紊乱置换"视频效果能够在画面上产生随机的画面扭曲效果。图 4-47 所示为源素材,图 4-48 所示为应用"紊乱置换"视频效果后的效果。

图 4-47 源素材

图 4-48 应用"紊乱置换"视频效果后的效果

在"紊乱置换"视频效果的参数面板中,其主要参数的具体含义如下:
- 置换:用于指定旋转的角度。
- 数量:用于指定旋转区域的范围。
- 大小:用于设置旋转中心的坐标。

- 偏移（湍流）：用于设置扭曲的方向。
- 复杂度：用于设置扭曲的复杂程度。

10．边角定位

"边角定位"视频效果可以改变素材画面4个边角的位置，从而使画面产生透视和弯曲效果。图4-49所示为源素材，图4-50所示为应用"边角定位"视频效果后的效果。

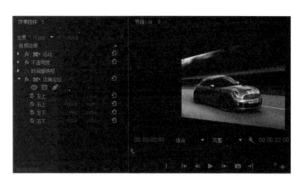

图4-49　源素材　　　　　　　　图4-50　应用"边角定位"视频效果后的效果

11．镜像

"镜像"视频效果可以使素材画面沿分割线进行任意角度的反射操作。图4-51所示为源素材，图4-52所示为应用"镜像"视频效果后的效果。

图4-51　源素材　　　　　　　　图4-52　应用"镜像"视频效果后的效果

12．镜头扭曲

"镜头扭曲"视频效果可以模拟从变形透镜观看画面的效果。图4-53所示为源素材，图4-54所示为应用"镜头扭曲"视频效果后的效果。

在"镜头扭曲"视频效果的参数面板中，其参数的具体含义如下：

- 曲率：用于设置四角的弯度。
- 垂直偏移：用于设置在垂直方向上的偏移度。
- 水平偏移：用于设置在水平方向上的偏移度。
- 垂直棱镜效果：用于设置在垂直方向上的棱镜效果。
- 水平棱镜效果：用于设置在水平方向上的棱镜效果。
- 填充颜色：用于设置扭曲后露出的空间填充颜色，默认为白色。

图 4-53　源素材

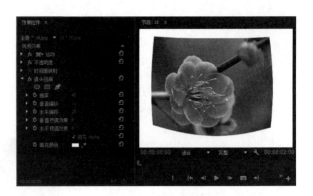
图 4-54　应用"镜头扭曲"视频效果后的效果

4.2.5　时间

"时间"类视频效果可以制作出因为时间变化而产生的变形效果。"时间类"类视频效果包括"抽帧时间"和"残影"两种视频效果，如图 4-55 所示。

1．抽帧时间

"抽帧时间"视频效果可以将视频素材锁定到一个指定的帧率，以跳帧播放的方式产生动画效果。

2．残影

"残影"视频效果可以混合一个视频素材中很多不同的时间帧，从而产生重影效果。

4.2.6　杂色与颗粒

"杂色与颗粒"类视频效果用于在画面中添加细小的杂点。根据视频效果原理的不同，"杂色与颗粒"类视频效果包括"中间值"、"杂色"、"杂色 Alpha"、"杂色 HLS"、"杂色 HLS 自动"和"蒙尘与划痕"6 种视频效果，如图 4-56 所示。

图 4-55　"时间"类文件夹

图 4-56　"杂色与颗粒"类文件夹

1．中间值

"中间值"视频效果可以将画面中每个像素的颜色值替换为该像素周边素材的 RGB 平均值，从而实现消除杂色或产生水彩画的效果。图 4-57 所示为源素材，图 4-58 所示为应用"中间值"视频效果后的效果。

2．杂色

"杂色"视频效果可以在画面中添加随机产生的彩色杂点效果。图 4-59 所示为源素材，图 4-60 所示为应用"杂色"视频效果后的效果。

图 4-57　源素材

图 4-58　应用"中间值"视频效果后的效果

图 4-59　源素材

图 4-60　应用"杂色"视频效果后的效果

在"杂色"视频效果的参数面板中，其参数的具体含义如下：
- 杂色数量：用于设置添加杂点的数目。
- 杂色类型：用于选择产生杂点的算术类型。选择或取消勾选"使用杂色"复选框会影响画面中的噪点分布情况。
- 剪切：用于决定是否将原始的素材画面与产生噪点的画面叠放在一起。勾选"剪切结果值"复选框，则会将素材画面与产生噪点的画面叠放在一起；取消勾选"剪切结果值"复选框，则仅会产生噪点后的画面。图 4-61 所示为勾选"剪切结果值"选项前后的效果比较。

（a）未勾选"剪切结果值"复选框

（b）勾选"剪切结果值"复选框

图 4-61　勾选"剪切结果值"选项前后的效果比较

3．杂色 Alpha

"杂色 Alpha"视频效果可以将统一的或方形噪波添加到图像的 Alpha 通道中。图 4-62 所示为源素材，图 4-63 所示为应用"杂色 Alpha"视频效果后的效果。

图 4-62　源素材　　　　　　图 4-63　应用"杂色 Alpha"视频效果后的效果

在"杂色 Alpha"视频效果的参数面板中，其参数的具体含义如下：
- 杂色：用于指定效果使用的噪波类型。
- 数量：用于指定添加到图像中的噪波的数量。
- 原始 Alpha：用于指定应用到图像的 Alpha 通道中的噪波方式。
- 溢出：用于指定效果重新绘制超出 0～255 灰度缩放范围的值。
- 随机植入：用于指定噪波的随机值。
- 杂色选项（动画）：用于指定噪波的动画效果。

4．杂色 HLS

"杂色 HLS"视频效果可以通过调整画面色调、亮度和饱和度的方式来控制杂色效果。图 4-64 所示为源素材，图 4-65 所示为应用"杂色 HLS"视频效果后的效果。

图 4-64　源素材　　　　　　图 4-65　应用"杂色 HLS"视频效果后的效果

5．杂色 HLS 自动

"杂色 HLS 自动"视频效果与"杂色 HLS"视频效果基本相同，唯一的区别在于用户可以通过"杂色动画速度"选项来控制噪波动态效果的变化速度。图 4-66 所示为"杂色 HLS 自动"视频效果的参数面板。

6．蒙尘与划痕

"蒙尘与划痕"视频效果用于产生一种附有灰尘的、模糊的噪波效果。图 4-67 所示为源素材，图 4-68 所示为应用"蒙尘与划痕"视频效果后的效果。

图 4-66　"杂色 HLS 自动"视频效果的参数面板

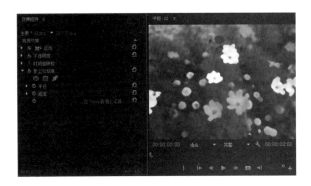

图 4-67　源素材　　　　　　　图 4-68　应用"蒙尘与刮痕"视频效果后的效果

在"蒙尘与划痕"视频效果的参数面板中，其参数的具体含义如下：
- 半径：用于设置噪波效果影响的半径范围。
- 阈值：用于设置噪波的开始位置，数值越小，噪波影响越大，图像越模糊。

4.2.7　模糊与锐化

"模糊与锐化"类视频效果的作用与其名称完全相同，这些视频效果有些能够使画面变得更加朦胧，而有些则能够让画面变得更为清晰。"模糊与锐化"类视频效果包括"复合模糊"、"方向模糊"、"相机模糊"、"通道模糊"、"钝化蒙版"、"锐化"和"高斯模糊"7种视频切换，如图4-69所示。

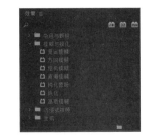

1．复合模糊

"复合模糊"视频效果可以为指定轨道上的素材画面添加全面的模糊效果。图4-70所示为源素材，图4-71所示为应用"复合模糊"视频效果后的效果。

图 4-69　"模糊与锐化"类文件夹

图 4-70　源素材　　　　　　　图 4-71　应用"复合模糊"视频效果的效果

在"复合模糊"视频效果的参数面板中，其参数的具体含义如下：
- 模糊图层：用于指定需要进行模糊的素材画面所在的视频轨道。
- 最大模糊：用于指定模糊的最大程度，数值越大，模糊效果越明显。
- 如果图层大小不同：如果图层的尺寸不一致，勾选"伸缩对应图以适合"复选框，将自动使素材调整到合适的尺寸。
- 反转模糊：勾选该复选框后，将启用反向模糊。

2. 方向模糊

"方向模糊"视频效果能够使素材画面向指定方向进行模糊处理,从而使画面产生动态效果。图4-72所示为源素材,图4-73所示为应用"方向模糊"视频效果的效果。

图 4-72　源素材　　　　　　　　图 4-73　应用"方向模糊"视频效果的效果

3. 相机模糊

"相机模糊"视频效果可以产生离开相机焦点范围时所产生的"虚焦"效果。图4-74所示为源素材,图4-75所示为应用"相机模糊"视频效果后的效果。

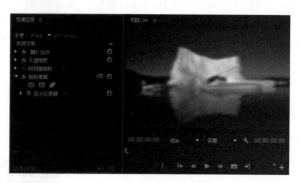

图 4-74　源素材　　　　　　　　图 4-75　应用"相机模糊"视频效果后的效果

4. 通道模糊

"通道模糊"视频效果可以对素材画面的不同颜色通道进行模糊处理。图4-76所示为源素材,图4-77所示为应用"通道模糊"视频效果后的效果。

5. 钝化蒙版

"钝化蒙版"视频效果可以将画面中模糊的地方变亮。图4-78所示为源素材,图4-79所示为应用"钝化蒙版"视频效果后的效果。

6. 锐化

"锐化"视频效果可以增加相邻像素间的对比度,从而使画面变得清晰。图4-80所示为源素材,图4-81所示为应用"锐化"视频效果后的效果。

7. 高斯模糊

"高斯模糊"视频效果是利用高斯运算的方法生成模糊效果,可以使画面中的部分区域表现效果更为细腻。图4-82所示为源素材,图4-83所示为应用"高斯模糊"视频效果后的效果。

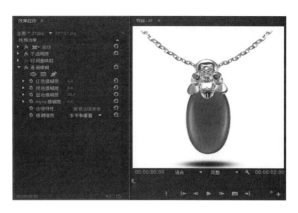

图 4-76　源素材　　　　　图 4-77　应用"通道模糊"视频效果后的效果

图 4-78　源素材　　　　　图 4-79　应用"钝化蒙版"视频效果后的效果

图 4-80　源素材　　　　　图 4-81　应用"锐化"视频效果后的效果

图 4-82　源素材　　　　　图 4-83　应用"高斯模糊"视频效果后的效果

4.2.8 沉浸式视频

"沉浸式视频"类视频效果用于在素材画面中添加各种VR特效。"沉浸式视频"类视频效果包括"VR分形杂色"、"VR发光"、"VR平面到球面"、"VR投影"、"VR数字故障"、"VR旋转球面"、"VR模糊"、"VR色差"、"VR锐化"、"VR降噪"和"VR颜色渐变"11种视频效果，如图4-84所示。

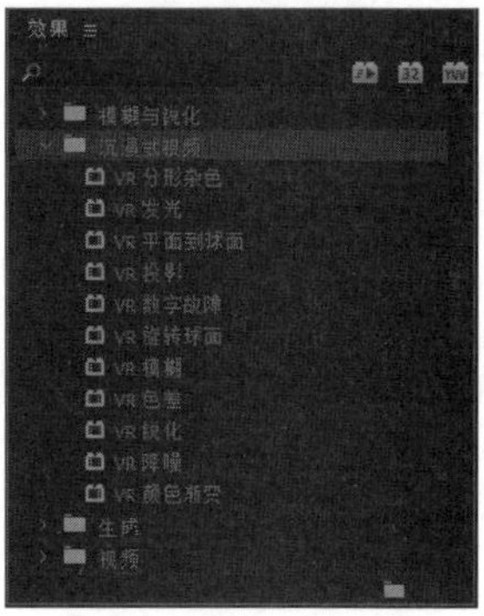

1．VR分形杂色

"VR分形杂色"视频效果用于在画面中添加烟雾、水面等效果。图4-85所示为源素材，图4-86所示为应用"VR分形杂色"视频效果后的效果。

2．VR发光

图4-84 "沉浸式视频"类文件夹

"VR发光"视频效果用于在画面中添加发光效果。图4-87所示为源素材，图4-88所示为应用"VR发光"视频效果后的效果。

图4-85 源素材

图4-86 应用"VR分形杂色"视频效果后的效果

图4-87 源素材

图4-88 应用"VR发光"视频效果后的效果

3．VR平面到球面

"VR平面到球面"视频效果可以将普通视频、图形或文字转换为360°全景效果。图4-89所示为源素材，图4-90所示为应用"VR平面到球面"视频效果后的效果。

4．VR投影

"VR投影"视频效果用于三轴视频旋转、拉伸以填充帧，也适用于相同的序列中混合和匹配不同的分辨率和立体/单像布局,还可以使用第三方视频效果插件。图 4-91 所示为源素材,图 4-92 所示为应用"VR 投影"视频效果后的效果。

图 4-89　源素材

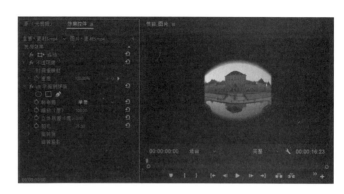

图 4-90　应用"VR 平面到球面"视频效果后的效果

图 4-91　源素材

图 4-92　应用"VR 投影"视频效果后的效果

5．VR 数字故障

"VR 数字故障"视频效果可以使画面产生类似电视信号不好时出现的雪花效果。图 4-93 所示为源素材,图 4-94 所示为应用"VR 数字故障"视频效果后的效果。

图 4-93　源素材

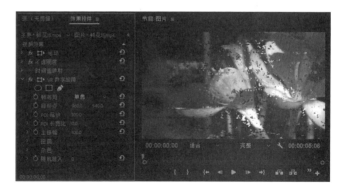

图 4-94　应用"VR 数字故障"视频效果后的效果

6．VR 旋转球面

"VR 旋转球面"视频效果可以使画面产生任意拉伸效果。图 4-95 所示为源素材,图 4-96 所示为应用"VR 旋转球面"视频效果后的效果。

图 4-95　源素材

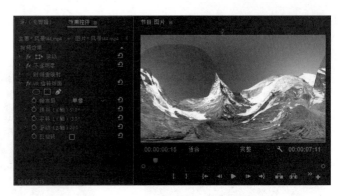

图 4-96　应用"VR 旋转球面"视频效果后的效果

7. VR 模糊

"VR 模糊"视频效果可以使画面产生模糊效果。图 4-97 所示为源素材,图 4-98 所示为应用"VR 模糊"视频效果后的效果。

图 4-97　源素材

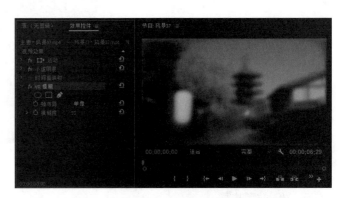

图 4-98　应用"VR 模糊"视频效果后的效果

8. VR 色差

"VR 色差"视频效果是通过调整颜色红、绿、蓝三个通道,使画面产生特殊效果。图 4-99 所示为源素材,图 4-100 所示为应用"VR 色差"视频效果后的效果。

图 4-99　源素材

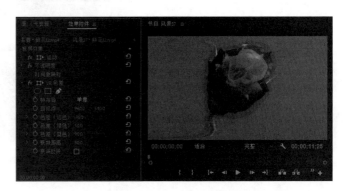

图 4-100　应用"VR 模糊"视频效果后的效果

9. VR 锐化

"VR 锐化"视频效果用于提高画面的锐化度,从而使模糊画面变清晰。图 4-101 所示为源素材,

图4-102所示为应用"VR锐化"视频效果后的效果。

图4-101 源素材

图4-102 应用"VR锐化"视频效果后的效果

10. VR降噪

"VR降噪"视频效果用于去除画面中的噪点。图4-103所示为源素材，图4-104所示为应用"VR降噪"视频效果后的效果。

图4-103 源素材

图4-104 应用"VR降噪"视频效果后的效果

11. VR颜色渐变

"VR颜色渐变"视频效果用于使画面产生渐变效果。图4-105所示为源素材，图4-106所示为应用"VR颜色渐变"视频效果后的效果。

图4-105 源素材

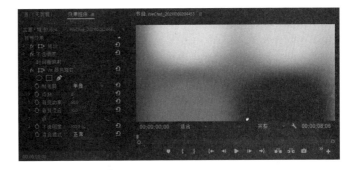
图4-106 应用"VR颜色渐变"视频效果后的效果

4.2.9 生成

"生成"类视频效果用于在素材画面中形成炫目的光效或者图案。"生成"类视频效果包括"书写"、"单元格图案"、"吸管填充"、"四色渐变"、"圆形"、"棋盘"、"椭圆"、"油漆桶"、"渐变"、"网格"、"镜头光晕"和"闪电"12种视频效果,如图4-107所示。

1. 书写

"书写"视频效果可以在画面中产生书写的效果。图4-108所示为应用"书写"视频效果后的效果。

图4-107　"生成"类文件夹　　　　图4-108　应用"书写"视频效果后的效果

2. 单元格图案

"单元格图案"视频效果可以在噪波的基础上产生静态或移动的类似于蜂巢的背景纹理和图案效果。图4-109所示为源素材,图4-110所示为应用"单元格图案"视频效果后的效果。

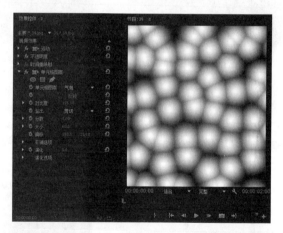

图4-109　源素材　　　　图4-110　应用"单元格图案"视频效果后的效果

3. 吸管填充

"吸管填充"视频效果可以通过调节采样点的位置,将采样点所在位置的颜色覆盖于整个图像上。该特效便于在最初的素材画面的一个点上采集一个纯色或从一个素材画面上采集一个颜色并利用混合模式应用到第2个素材画面上。图4-111所示为源素材,图4-112所示为应用"吸管填充"视频效果后的效果。

4. 四色渐变

"四色渐变"视频效果可以使画面产生4种混合渐变颜色。图4-113所示为源素材,图4-114所示为应用"四色渐变"视频效果后的效果。

5. 圆形

"圆形"视频效果可以任意创造一个实心圆,通过设置该特效的混合模式可以形成区域混合效果。图4-115所示为源素材,图4-116所示为应用"圆形"视频效果后的效果。

图 4-111　源素材

图 4-112　应用"吸管填充"视频效果后的效果

图 4-113　源素材

图 4-114　应用"四色渐变"视频效果后的效果

图 4-115　源素材

图 4-116　应用"圆形"视频效果后的效果

6. 棋盘

"棋盘"视频效果可以创造出国际象棋式的方形图案,其中方形图案中有一半是透明的。图4-117所示为源素材,图4-118所示为应用"棋盘"视频效果后的效果。

7. 椭圆

"椭圆"视频效果可以创造出圆环效果。图4-119所示为源素材,图4-120所示为应用"椭圆"视频效果后的效果。

8．油漆桶

"油漆桶"视频效果可以将一种纯色填充到一个区域，并可以设置其与画面的混合模式。图4-121所示为源素材，图4-122所示为应用"油漆桶"视频效果后的效果。

图 4-117　源素材　　　　　　　图 4-118　应用"棋盘"视频效果后的效果

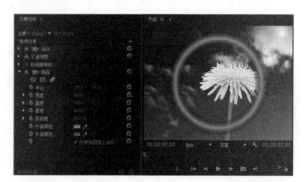

图 4-119　源素材　　　　　　　图 4-120　应用"椭圆"视频效果后的效果

图 4-121　源素材　　　　　　　图 4-122　应用"油漆桶"视频效果后的效果

9．渐变

"渐变"视频效果可以在画面上创建彩色渐变，并使其与源素材画面融合在一起。图4-123所示为源素材，图4-124所示为应用"渐变"视频效果后的效果。

10．网格

"网格"视频效果可以创造一组栅格效果。用户可以任意调节栅格的大小和羽化，或将其作为一个可调节透明度的蒙板用于素材上。图4-125所示为源素材,图4-126所示为应用"网格"视频效果后的效果。

图 4-123　源素材

图 4-124　应用"渐变"视频效果后的效果

图 4-125　源素材

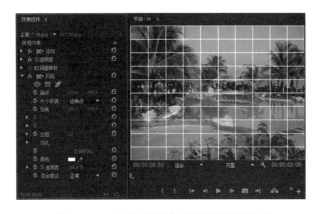

图 4-126　应用"网格"视频效果后的效果

11. 镜头光晕

"镜头光晕"视频效果可以模拟出镜头光斑的效果。图4-127所示为源素材,图4-128所示为应用"镜头光晕"视频效果后的效果。

图 4-127　源素材

图 4-128　应用"镜头光晕"视频效果后的效果

12. 闪电

"闪电"视频效果可以在画面上产生类似闪电或电火花的光电效果。图4-129所示为源素材,

图4-130所示为应用"闪电"视频效果后的效果。

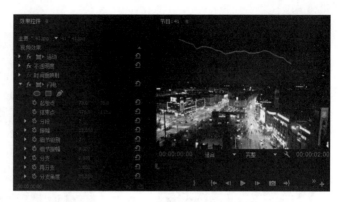

图4-129 源素材　　　　　　　　　　图4-130 应用"闪电"视频效果后的效果

4.2.10 颜色校正

"颜色校正"类视频效果的主要作用是调节素材画面的色彩,从而修正受损的素材。其他类型的视频效果虽然也能够在一定程度上完成上述工作,但颜色校正类特效在色彩调整方面的选项更为详尽,因此对画面色彩的校正效果也更为专业,可控性也更强。"颜色校正"类视频效果包括"ASC CDL"、"Lumetri 颜色"、"亮度与对比度"、"分色"、"均衡"、"更改为颜色"、"更改颜色"、"色彩"、"视频限幅器"、"通道混合器"、"颜色平衡"和"颜色平衡(HLS)"12种视频效果,如图4-131所示。

1. ASC CDL

"ASC CDL"视频效果可以通过调整红色、绿色、蓝色的斜率、偏移和功率来改变画面的颜色。图4-132所示为源素材,图4-133所示为应用"ASC CDL"视频效果后的效果。

图4-131 "颜色校正"类文件夹

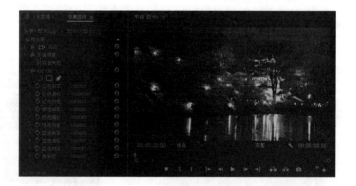

图4-132 源素材　　　　　　　　　　图4-133 应用"ASC CDL"视频效果后的效果

2. Lumetri 颜色

"Lumetri 颜色"视频效果可以对画面进行基本色调、创意、曲线、色轮和晕影方面精细的调整。图4-134所示为源素材,图4-135所示为应用"Lumetri 颜色"视频效果后的效果。

第4章 视频效果的应用

图4-134 源素材

图4-135 应用"Lumetri 颜色"视频效果后的效果

3．亮度与对比度

"亮度与对比度"视频效果可以调节画面的亮度与对比度。该效果会同时调整所有像素的亮部区域、暗部区域和中间色区域，但不能对单一通道进行调节。图4-136所示为源素材，图4-137所示为应用"亮度与对比度"视频效果后的效果。

图4-136 源素材

图4-137 应用"亮度与对比度"视频效果后的效果

4．分色

"分色"视频效果可以去除画面中部分色彩信息。图4-138所示为源素材，图4-139所示为应用"分色"视频效果后的效果。

图4-138 源素材

图4-139 应用"分色"视频效果后的效果

5. 均衡

"均衡"视频效果可以重新分布画面中像素的亮度值,以便它们更均匀的呈现所有范围的亮度级。图4-140所示为源素材,图4-141所示为应用"均衡"视频效果后的效果。

图4-140 源素材

图4-141 应用"均衡"视频效果后的效果

6. 更改为颜色

"更改为颜色"视频效果可以指定某种颜色,然后使用一种新的颜色替换指定颜色。图4-142所示为源素材,图4-143所示为应用"更改为颜色"视频效果后的效果。

图4-142 源素材

图4-143 应用"更改为颜色"视频效果后的效果

7. 更改颜色

Premiere为用户提供了多种将画面内的部分色彩更改为其他色彩的方法。而"更改颜色"视频效果特效是最为简单,且效果最佳的一种方法。该视频效果是通过在画面色彩范围内调整色相、亮度和饱和度来改变色彩范围内的颜色。图4-144所示为源素材,图4-145所示为应用"更改颜色"视频效果后的效果。

图4-144 源素材

图4-145 应用"更改颜色"视频效果后的效果

8. 色彩

"色彩"可以修改画面的颜色信息，并对每一个像素效果施加一种混合效果。图4-146所示为源素材，图4-147所示为应用"色彩"视频效果后的效果。

图 4-146　源素材

图 4-147　应用"色彩"视频效果后的效果

9. 视频限幅器

"视频限幅器"视频效果可以影响并限制画面的亮度和颜色。图4-148所示为源素材，图4-149所示为应用"视频限幅器"视频效果后的效果。

图 4-148　源素材

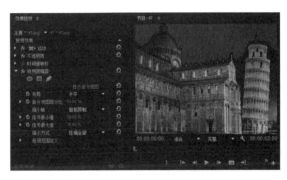

图 4-149　应用"视频限幅器"视频效果后的效果

10. 通道混合器

"通道混合器"视频效果可以通过为每个通道设置不同的偏移量来校正画面的色彩。图4-150所示为源素材，图4-151所示为应用"通道混合器"视频效果后的效果。

图 4-150　源素材

图 4-151　应用"通道混合器"视频效果后的效果

11. 颜色平衡

"颜色平衡"视频效果可以通过设置画面的阴影、中间调和高光下的红、绿、蓝三色的参数来改变画面的颜色。图4-152所示为源素材,图4-153所示为应用"颜色平衡"视频效果后的效果。

图4-152 源素材

图4-153 应用"颜色平衡"视频效果后的效果

12. 颜色平衡(HLS)

"颜色平衡(HLS)"视频效果可以通过设置画面的色相、饱和度和明度来改变画面的颜色。图4-154所示为源素材,图4-155所示为应用"颜色平衡(HLS)"视频效果后的效果。

图4-154 源素材

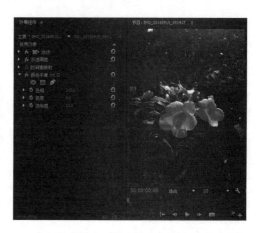

图4-155 应用"颜色平衡(HLS)"视频效果后的效果

4.2.11 视频

"视频"类视频效果有"SDR遵从情况"、"剪辑名称"、"时间码"和"简单文本"4种视频效果,如图4-156所示。

1. SDR遵从情况

"SDR遵从情况"视频效果可以通过调整画面的亮度、对比度和软阈值参数,得到所需的效果。图4-157所示为源素材,图4-158所示为应用"SDR遵从情况"视频效果后的效果。

图4-156 "视频"类文件夹

2. 剪辑名称

"剪辑名称"视频效果可以在画面上添加一个显示剪辑名称的效果。图4-159所示为源素材,

图4-160所示为应用"时间码"视频效果后的效果。

3. 时间码

"时间码"视频效果可以在画面上添加一个播放时间的效果,时间数值会随着视频播放进度而变化。图4-161所示为源素材,图4-162所示为应用"时间码"视频效果后的效果。

图 4-157　源素材

图 4-158　应用"SDR 遵从情况"视频效果后的效果

图 4-159　源素材

图 4-160　应用"剪辑名称"视频效果后的效果

图 4-161　源素材

图 4-162　应用"时间码"视频效果后的效果

4. 简单文本

"简单文本"视频效果可以在画面上添加任意的文本。图4-163所示为源素材，图4-164所示为应用"简单文本"视频效果后的效果。

图4-163　源素材

图4-164　应用"简单文本"视频效果后的效果

4.2.12　调整

"调整"类视频效果主要通过调整图像的亮度、色彩、对比度等方式来达到优化影像质量或实现某个特殊画面的目的。"调整"类视频效果包括"ProcAmp"、"卷积内核"、"光照效果"、"提取"和"色阶"5种视频效果，如图4-165所示。

1. ProcAmp

"ProcAmp"视频效果可以通过调整画面的亮度、对比度、以及色相、饱和度等基本属性来实现优化画面质量的目的。图4-166所示为源素材，图4-167所示为应用"ProcAmp"视频效果后的效果。

图4-165　"调整"类文件夹

图4-166　源素材

图4-167　应用"ProcAmp"视频效果后的效果

在"ProcAmp"视频效果的参数面板中，其参数的具体含义如下：
- 亮度：用于调整画面的整体亮度。数值越小，画面越暗，反之则越亮。
- 对比度：用于调整画面亮部与暗部之间的反差。数值越小，反差越小，表现为色彩变得暗淡，且黑白色都开始发灰；数值越大，反差越大，表现为黑色更黑，而白色更白。
- 色相：用于调整画面的整体色调。
- 饱和度：用于调整画面色彩的鲜艳程度。数值越大，色彩越鲜艳，反之则越暗淡；当数值为0时，画面会变为灰度图像。

- 拆分百分比：用于调整添加"ProcAmp"视频效果前后屏幕划分开的两个部分的百分比。该项在勾选"拆分屏幕"复选框后才会起作用。图4-168所示为将"拆分百分比"设置为50%的画面效果。

2．光照效果

"光照效果"视频效果是通过控制光源数量、光源类型及颜色来达到为画面中的场景添加真实光照效果的目的。图4-169所示为源素材，图4-170所示为应用"光照效果"视频效果后的效果。

在"光照效果"视频效果的参数面板中，其主要参数的具体含义如下：

- 光照1/2/3/4/5：用于设置投射到画面中的光源效果。
- 环境光照颜色：用于设置光源色彩。
- 环境光照强度：用于设置环境照明的亮度。数值越小，光源强度越小，反之则越大。
- 表面光泽：用于设置画面中高光部分的亮度与光泽度。
- 表面材质：用于设置光照范围内中性色部分的强度。
- 曝光：用于设置画面的曝光强度。图4-171为设置不同"曝光"数值的效果比较。

图4-168　将"拆分百分比"设置为50%的画面效果

图4-169　源素材

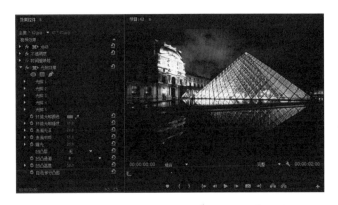

图4-170　应用"光照效果"视频效果后的效果

（a）"曝光"数值为10

（b）"曝光"数值为80

图4-171　设置不同"曝光"数值的效果比较

3．卷积内核

"卷积内核"视频效果可以根据数学卷积分的运算来改变画面中每个像素的亮度值，从而实现特殊效果。图4-172所示为源素材，图4-173所示为应用"卷积内核"视频效果后的效果。

4．提取

"提取"视频效果可以去除素材画面内的彩色信息，从而将彩色画面处理为灰度画面。图4-174所示为源素材，图4-175所示为应用"提取"视频效果后的效果。

图 4-172　源素材　　　　　　图 4-173　应用"卷积内核"视频效果后的效果

图 4-174　源素材　　　　　　图 4-175　应用"提取"视频效果后的效果

在"提取"视频效果的参数面板中，其参数的具体含义如下：

- 输入黑色阶：用于设置画面中黑色像素的数量。数值越小，黑色像素越少。
- 输入白色阶：用于设置画面中白色像素的数量。数值越小，白色像素越少。
- 柔和度：用于设置画面中灰色像素的阶数和数量。数值越小，黑、白像素间的过渡就越为直接；反之，黑、白像素间的过渡就越柔和。
- 反转：勾选该复选框后，Premiere 将置换画面中的黑白像素，即黑像素变为白像素，白像素变为黑像素。图 4-176 所示为勾选"反转"复选框前后的效果比较。

（a）勾选"反转"复选框前　　　　　　（b）勾选"反转"复选框后

图 4-176　勾选"反转"复选框前后的效果比较

5．色阶

"色阶"视频效果是 Premiere Pro CC 2018 图像效果调整特效中较为常用，且较为复杂的视频效果之一。"色阶"视频效果是通过调整画面中的亮度和对比度的强度级别，来达到校正素材画面的色调范围和颜色平衡的目的。图 4-177 所示为源素材，图 4-178 所示为应用"色阶"视频效果后的效果。

图 4-177　源素材　　　　　图 4-178　应用"色阶"视频效果后的效果

4.2.13　过时

"过时"类视频效果主要通过调整图像的颜色曲线、阴影/高光、自动对比度/色阶/颜色等方式来达到优化影像质量或实现某个特殊画面的目的。"过时"类视频效果包括"RGB 曲线"、"RGB 颜色校正器"、"三向颜色校正器"、"亮度曲线"、"亮度校正器"、"快速颜色校正器"、"自动对比度"、"自动色阶"、"自动颜色"、"视频限幅器（旧版）"和"阴影/高光"11 种视频效果，如图 4-179 所示。

1．RGB 曲线

"RGB 曲线"视频效果和"调整"类中的"色阶"视频效果的功能相同，均能够调整素材画面中的明暗关系和色彩变化。所不同的是，"色阶"视频效果只能够调整画面内的阴影、高光和中间调 3 个区域，而"RGB 曲线"视频效果则能够平滑调整素材画面内的 256 级灰度，从而获得更为细腻的画面调整效果。图 4-180 所示为源素材，图 4-181 所示为应用"RGB 曲线"视频效果后的效果。

图 4-179　"过时"类文件夹

2．RGB 颜色校正器

"RGB 颜色校正器"视频效果可以通过色调调整画面，也可以通过通道调整画面。而且"RGB 颜色校正器"还将调整这些内容的参数拆分为"灰度系数"、"基值"和"增益"3 项，从而使用户能够更为精确、细致地调整画面色彩、亮度等内容。图 4-182 所示为源素材，图 4-183 所示为应用"RGB 颜色校正器"视频效果后的效果。

3．三向颜色校正器

"三向颜色校正器"视频效果可以细致的调整画面颜色的色调、饱和度和亮度。图 4-184 所示为源素材，图 4-185 所示为应用"三向颜色校正器"视频效果后的效果。

4．亮度曲线

"亮度曲线"视频效果为用户提供的控制方式也是曲线调整图，这与"RGB 曲线"视频效果相同。不过，这里的调整对象只是亮度曲线，且只能对整个画面的亮度进行统一控制，而无法单独调整每个通道的亮度。图 4-186 所示为源素材，图 4-187 所示为应用"亮度曲线"视频效果后的效果。

图 4-180　源素材　　　　　　　　图 4-181　应用"RGB 曲线"视频效果后的效果

图 4-182　源素材　　　　　　　　图 4-183　应用"RGB 颜色校正器"视频效果后的效果

图 4-184　源素材　　　　　　　　图 4-185　应用"三向颜色校正器"视频效果后的效果

图 4-186　源素材

图 4-187　应用"亮度曲线"视频效果后的效果

5. 亮度校正器

"亮度校正器"视频效果可以分别调整画面的色调范围在高光、中间值和阴影状态时的亮度。图 4-188 所示为源素材，图 4-189 所示为应用"亮度校正器"视频效果后的效果。

图 4-188　源素材　　　　　　　　图 4-189　应用"亮度校正器"视频效果后的效果

6. 快速颜色校正器

"快速颜色校正器"视频效果可以通过色相平衡和角度控制器来调整素材的颜色，也可以通过调整输入和输出电平进行调节。图 4-190 所示为源素材，图 4-191 所示为应用"快速颜色校正器"视频效果后的效果。

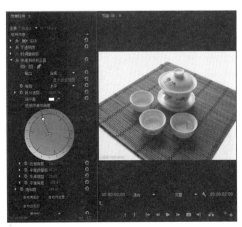

图 4-190　源素材　　　　　　　　图 4-191　应用"快速颜色校正器"视频效果后的效果

7. 自动对比度

"自动对比度"视频效果用于调整画面中总的色彩混合,除去偏色。图4-192所示为源素材,图4-193所示为应用"自动对比度"视频效果后的效果。

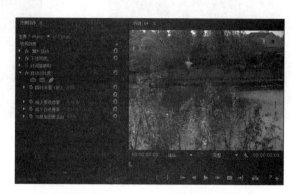

图4-192　源素材　　　　　　图4-193　应用"自动对比度"视频效果后的效果

8. 自动色阶

"自动色阶"视频效果可以自动调节画面中的高光和阴影。图4-194所示为源素材,图4-195所示为应用"自动色阶"视频效果后的效果。

图4-194　源素材　　　　　　图4-195　应用"自动色阶"视频效果后的效果

9. 自动颜色

"自动颜色"视频效果可以自动调节黑色和白色像素的对比度。图4-196所示为源素材,图4-197所示为应用"自动颜色"视频效果后的效果。

图4-196　源素材　　　　　　图4-197　应用"自动颜色"视频效果后的效果

10. 视频限幅器（旧版）

"视频限幅器（旧版）"视频效果可以影响并限制画面的亮度和颜色。图4-198所示为源素材，图4-199所示为应用"视频限幅器（旧版）"视频效果后的效果。

图4-198　源素材

图4-199　应用"视频限幅器"视频效果后的效果

11. 阴影/高光

"阴影/高光"视频效果能够基于阴影或高光区域，使其局部相邻像素的亮度提高或降低，从而达到校正由强逆光而形成的剪影画面。图4-200所示为源素材，图4-201所示为应用"阴影/高光"视频效果后的效果。

图4-200　源素材

图4-201　应用"阴影/高光"视频效果后的效果

4.2.14　过渡

"过渡"类视频效果主要用于通过设置关键帧动画来实现两个画面之间的切换，其作用类似于Premiere中的视频转场。"过渡"类视频效果包括"块溶解"、"径向擦除"、"渐变擦除"、"百叶窗"和"线性擦除"5种视频效果，如图4-202所示。

1. 块溶解

"块溶解"视频效果能够在素材画面中随机产生块状区域。通过设置关键帧动画可以实现不同轨道中素材画面的切换效果。图4-203所示为源素材，图4-204所示为应用"块溶解"视频效果后的效果。

图4-202　"过渡"类文件夹

2. 径向擦除

"径向擦除"视频效果能够通过设置关键帧动画使素材画面以指定的一个点为中心进行旋转，从而显示出下面的素材画面。图4-205所示为源素材，图4-206所示为应用"径向擦除"视频效果后的效果。

图4-203　源素材　　　　　　　图4-204　应用"块溶解"视频效果后的效果

图4-205　源素材　　　　　　　图4-206　应用"径向擦除"视频效果后的效果

3．渐变擦除

"渐变擦除"视频效果能够根据两个素材画面的颜色和亮度建立一个新的渐变层，通过设置关键帧动画可以在第1个素材画面逐渐消失的同时逐渐显现出第2个素材画面。图4-207所示为源素材，图4-208所示为应用"渐变擦除"视频效果后的效果。

图4-207　源素材　　　　　　　图4-208　应用"径向擦除"视频效果后的效果

4．百叶窗

"百叶窗"视频效果通过设置关键帧动画能够模拟百叶窗张开或闭合的效果。图4-209所示为源素材，图4-210所示为应用"百叶窗"视频效果后的效果。

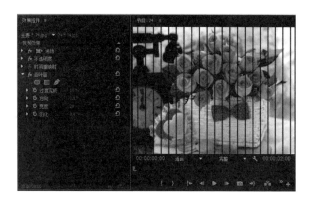

图4-209　源素材　　　　　　　　图4-210　应用"百叶窗"视频效果后的效果

在"百叶窗"视频效果的参数面板中，其参数的具体含义如下：
- 过渡完成：用于设置百叶窗遮挡画面的百分比。图4-211所示为设置不同"过渡完成"数值的效果比较。

（a）"过渡完成"数值为10　　　　　　　（b）"过渡完成"数值为60

图4-211　设置不同"过渡完成"数值的效果比较

- 方向：用于设置百叶窗的旋转角度。图4-212所示为设置不同"方向"数值的效果比较。

（a）"方向"数值为10　　　　　　　　（b）"方向"数值为30

图4-212　设置不同"方向"数值的效果比较

- 宽度：用于设置每片百叶之间的距离。图4-213所示为设置不同"宽度"数值的效果比较。
- 羽化：用于设置百叶窗的柔和度。图4-214所示为设置不同"羽化"数值的效果比较。

5．线性擦除

"线性擦除"视频效果通过设置关键帧动画可以以任意角度擦除画面。图4-215所示为源素材，图4-216所示为应用"线性擦除"视频效果后的效果。

在"线性擦除"视频效果的参数面板中，其参数的具体含义如下：

(a) "宽度"数值为10　　　　　　　　　　(b) "宽度"数值为40

图 4-213　设置不同"宽度"数值的效果比较

(a) "羽化"数值为0　　　　　　　　　　(b) "羽化"数值为3

图 4-214　设置不同"羽化"数值的效果比较

图 4-215　源素材　　　　　　　图 4-216　应用"线性擦除"视频效果后的效果

- 过渡完成：用于设置擦除画面的百分比。图4-217所示为设置不同"过渡完成"数值的效果比较。

(a) "过渡完成"数值为30　　　　　　　(b) "过渡完成"数值为60

图 4-217　设置不同"过渡完成"数值的效果比较

- 擦除角度：用于设置擦除画面的角度。图4-218所示为设置不同"擦除角度"数值的效果比较。
- 羽化：用于设置擦除边缘的羽化值。图4-219所示为设置不同"羽化"数值的效果比较。

（a）"擦除角度"数值为90　　　　　　　　　（b）"擦除角度"数值为120

图 4-218　设置不同"方向"数值的效果比较

（a）"羽化"数值为0　　　　　　　　　　　（b）"羽化"数值为30

图 4-219　设置不同"羽化"数值的效果比较

4.2.15 透视

"透视"类视频效果可以使画面具有空间立体的效果。"透视"类视频效果包括"基本3D"、"投影"、"放射阴影"、"斜角边"和"斜边Alpha"5种视频效果，如图4-220所示。

1．基本 3D

"基本3D"视频效果可以在一个虚拟的三维空间中操作画面。在该虚拟空间中，素材画面可以绕水平和垂直的轴进行转动，还可以产生画面的移动效果。此外，用户还可以在画面上添加发光效果，从而产生更逼真的效果。图4-221所示为源素材，图4-222所示为应用"基本3D"视频效果后的效果。

图 4-220　"透视"类文件夹

 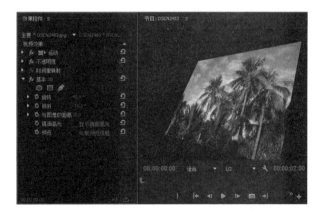

图 4-221　源素材　　　　　图 4-222　应用"基本3D"视频效果后的效果

在"基本3D"视频效果的参数面板中，其参数的具体含义如下：

- 旋转：用于设置画面水平旋转的角度。
- 倾斜：用于设置画面垂直旋转的角度。
- 与图像的距离：用于设置画面移近或移远的距离。图4-223所示为设置不同"与图像的距离"数值的效果比较。

（a）"与图像的距离"数值为25

（b）"与图像的距离"数值为0

图4-223　设置不同"与图像的距离"数值的效果比较

- 显示镜面高光：用于给画面添加光线效果。图4-224所示为勾选"显示镜面高光"前后的效果比较。

（a）勾选"显示镜面高光"前

（b）勾选"显示镜面高光"后

图4-224　勾选"显示镜面高光"前后的效果比较

- 绘制预览线框：勾选该复选框后，在对画面进行操作时，画面会以线框的形式显示，从而加快设备运算速度。

2．投影

"投影"视频效果可以给画面添加一种阴影效果。图4-225所示为源素材，图4-226所示为应用"投影"视频效果后的效果。

图4-225　源素材

图4-226　应用"投影"视频效果后的效果

3．放射阴影

"放射阴影"视频效果可以利用画面上方的点光源来营造三维阴影效果。图4-227所示为源素材，图4-228所示为先应用"基本3D"视频效果，再应用"放射阴影"视频效果后的效果。

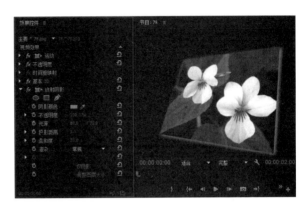

图4-227　源素材　　　　　　　　　　　图4-228　应用"放射阴影"视频效果后的效果

在"放射阴影"视频效果的参数面板中，其主要参数的具体含义如下：
- 阴影颜色：用于设置画面阴影的颜色。
- 不透明度：用于设置画面阴影的不透明度。图4-229所示为设置不同"不透明度"数值的效果比较。

（a）"不透明度"数值为100　　　　　　　　　（b）"不透明度"数值为50

图4-229　设置不同"不透明度"数值的效果比较

- 光源：用于设置光源的位置。图4-230所示为设置不同"光源"数值的效果比较。

（a）"光源"数值为（80,70）　　　　　　　　（b）"光源"数值为（200,300）

图4-230　设置不同"光源"数值的效果比较

- 投影距离：用于设置投影距离画面的距离。图4-231所示为设置不同"投影距离"数值的效果比较。

（a）"投影距离"数值为3　　　　　　　　　　（b）"投影距离"数值10

图 4-231　设置不同"投影距离"数值的效果比较

- 柔和度：用于透明的柔化程度。图4-232所示为设置不同"柔和度"数值的效果比较。

（a）"柔和度"数值为20　　　　　　　　　　（b）"柔和度"数值10

图 4-232　设置不同"柔和度"数值的效果比较

- 渲染：在右侧下拉列表框中有"常规"和"玻璃边缘"两个选项可供选择。图4-233所示为设置不同选项的效果比较。

（a）设置"渲染"为"常规"　　　　　　　　（b）设置"渲染"为"玻璃边缘"

图 4-233　设置不同"渲染"选项的效果比较

4．斜角边

"斜角边"视频效果可以使画面产生一种棱角分明的高亮三维效果。边缘的位置由源图像的Alpha通道来决定。与"斜边Alpha"视频效果不同的是该效果产生的边缘总是成直角的。图4-234所示为源素材，图4-235所示为应用"斜角边"视频效果后的效果。

5．斜面 Alpha

"斜面Alpha"视频效果可以使画面四周产生圆滑的三维倒角效果。图4-236所示为源素材，图4-237所示为应用"斜面Alpha"视频效果后的效果。

图 4-234 源素材

图 4-235 应用"斜角边"视频效果后的效果

图 4-236 源素材

图 4-237 应用"斜面 Alpha"视频效果后的效果

4.2.16 通道

"通道"类视频效果主要用于处理通道素材。"通道"类视频效果包括"反转"、"复合运算"、"混合"、"算术"、"纯色合成"、"计算"和"设置遮罩"7 种视频效果，如图 4-238 所示。

1. 反转

"反转"视频效果用于将画面的颜色信息反转成相应的补色。图 4-239 所示为源素材，图 4-240 所示为应用"反转"视频效果后的效果。

图 4-238 "通道"类视频效果

图 4-239 源素材

图 4-240 应用"反转"视频效果后的效果

2．复合运算

"复合运算"视频效果可以根据二维源图层对画面进行"复制"、"相加"和"相减"等15种不同的运算操作。图4-241所示为源素材，图4-242所示为应用"复合运算"视频效果后的效果。

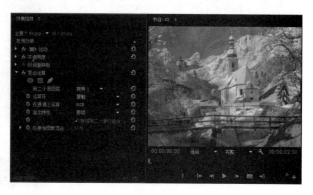

图4-241 源素材　　　　　　　　图4-242 应用"复合运算"视频效果后的效果

3．混合

"混合"视频效果用于将当前素材画面与指定轨道的画面进行混合。图4-243所示为源素材，图4-244所示为素材画面与自身轨道应用"混合"视频效果后的效果。

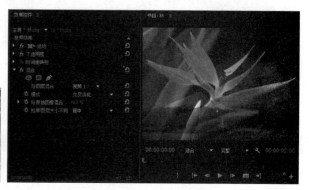

图4-243 源素材　　　　　　　　图4-244 应用"混合"视频效果后的效果

4．算术

"算术"视频效果用于将一个素材画面中的红、绿、蓝通道进行不同的简单数学操作。图4-245所示为源素材，图4-246所示为应用"算术"视频效果后的效果。

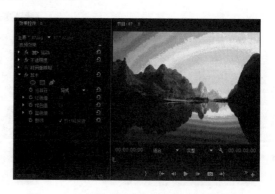

图4-245 源素材　　　　　　　　图4-246 应用"算术"视频效果后的效果

5. 纯色合成

"纯色合成"视频效果可以根据混合色对画面进行单色混合。图4-247所示为源素材,图4-248所示为应用"纯色合成"视频效果后的效果。

图4-247 源素材　　　　　　　　　图4-248 应用"纯色合成"视频效果后的效果

在"纯色合成"视频效果的参数面板中,其主要参数的具体含义如下:

- 源不透明度:用于设置在不同混合模式影响下图像的不透明度。数值为100%时,完全显示图像;数值为0%时,完全不显示图像,只显示在"颜色"右侧设置的颜色。图4-249为设置不同"源不透明度"数值的效果比较。

（a）"源不透明度"数值为100　　　　　　（b）"源不透明度"数值为0

图4-249 设置不同"源不透明度"数值的效果比较

- 颜色:用于设置进行纯色混合的颜色。
- 不透明度:用于设置进行纯色混合的颜色的不透明度。图4-250所示为设置不同"不透明度"数值的效果比较。

（a）"不透明度"数值为100　　　　　　（b）"不透明度"数值为50

图4-250 设置不同"不透明度"数值的效果比较

- 混合模式:用于设置图像与纯色进行混合的混合模式。Premiere Pro CC 2018提供了17种不同的混合模式可供选择。图4-251所示为设置不同"混合模式"的效果比较。

（a）"混合模式"为"强光"

（b）"混合模式"为"正常"

图4-251　设置不同"混合模式"数值的效果比较

6. 计算

"计算"视频效果可以将一个素材画面的通道与另一个素材画面的通道结合在一起。图4-252所示为源素材，图4-253所示为应用"计算"视频效果后的效果。

图4-252　源素材　　　　　　　　图4-253　应用"计算"视频效果后的效果

7. 设置遮罩

"设置遮罩"视频效果可以将当前素材画面与指定轨道中的相关遮罩进行混合。图4-254所示为源素材，图4-255所示为应用"设置遮罩"视频效果后的效果。

图4-254　源素材　　　　　　　　图4-255　应用"设置遮罩"视频效果后的效果

4.2.17　键控

"键控"类视频效果主要是在多个素材发生重叠时，隐藏顶层素材画面中的部分内容，从而在相应位置处显现出底层素材的画面,达到拼合素材的目的。"键控"类视频效果包括"Alpha 调整"、"亮度键"、"图像遮罩键"、"差值遮罩"、"移除遮罩"、"超级键"、"轨道遮罩键"、"非红色键"和"颜色键"9 种视频效果,如图 4-256 所示。

1. Alpha 调整

"Alpha 调整"视频效果可以通过影响 Alpha 通道来改变画面的叠加效果。图 4-257 所示为源素材,图 4-258 所示为应用"Alpha 调整"视频效果后的效果。

图 4-256 "键控"类视频效果

2. 亮度键

"亮度键"视频效果可以抠去画面中较暗的部分,使之变为透明,从而显现出底层画面效果。图 4-259 所示为源素材,图 4-260 所示为应用"亮度键"视频效果后的效果。

图 4-257 源素材

图 4-258 应用"Alpha 调整"视频效果后的效果

图 4-259 源素材

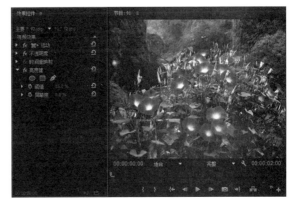

图 4-260 应用"亮度键"视频效果后的效果

3. 图像遮罩键

"图像遮罩键"视频效果是在画面的亮度值基础上通过遮罩图像屏蔽后的素材图像。图 4-261 所示为源素材,图 4-262 所示为遮罩图像,图 4-263 所示为应用"图像遮罩键"视频效果后的效果。

在"图像遮罩键"视频效果的参数面板中,其参数的具体含义如下:

- ▦(设置)按钮:单击该按钮,用户可以从弹出的如图 4-264 所示的对话框中选择要作为遮罩的图像。
- 合成使用:用于设置要作为合成的遮罩种类。右侧列表框中有"亮度遮罩"和"Alpha 遮罩"

两个选项可供选择。
- 反向：勾选该复选框可以反向显示遮罩效果。图4-265为勾选"反向"复选框前后的效果比较。

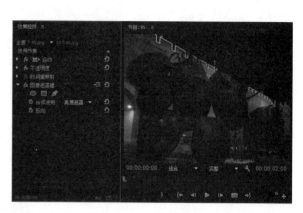

图4-261　源素材　　　图4-262　遮罩图像　　　图4-263　应用"图像遮罩键"视频效果后的效果

（a）勾选"反向"复选框前　　（b）勾选"反向"复选框后

图4-264　选择要作为遮罩的图像　　　图4-265　勾选"反向"复选框前后的效果比较

4．差值遮罩

"差值遮罩"视频效果可以对比两个相似的画面素材，并在屏幕中去除两个画面的相似部分，而只留下有差异的画面内容。图4-266所示为源素材，图4-267所示为应用"差值遮罩"视频效果后的效果。

图4-266　源素材　　　　　　　　图4-267　应用"差值遮罩"视频效果后的效果

5．移除遮罩

"移除遮罩"视频效果用于去除从一个透明通道导入的影片或者用After Effects创建的透明通道的光晕效果。

6．超级键

"超级键"视频效果可以根据指定颜色、"不透明度"、"高光"和"阴影"等参数精细抠去画面相应区域。图4-268所示为源素材,图4-269所示为应用"超级键"视频效果后的效果。

图4-268　源素材　　　　　　　　　　图4-269　应用"超级键"视频效果后的效果

7．轨道遮罩键

"轨道遮罩键"视频效果与"图像遮罩键"视频效果的原理相同,都是将其他素材作为遮罩后隐藏或显示目标画面的部分内容。二者的区别在于前者是将画面素材添加到时间轴后作为遮罩素材使用,而后者则是直接将遮罩素材附加到目标画面上。图4-270所示为源素材,图4-271所示为遮罩图像,图4-272所示为应用"轨道遮罩键"视频效果后的效果。

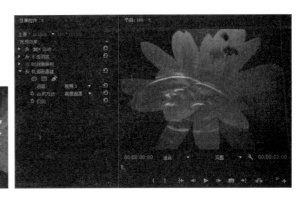

图4-270　源素材　　　　图4-271　遮罩图像　　　图4-272　应用"轨道遮罩键"视频效果后的效果

8．非红色键

"非红色键"视频效果不仅能够去除画面中的蓝色,而且还可以去除画面中的绿色背景。图4-273所示为源素材,图4-274所示为应用"非红色键"视频效果后的效果。

9．颜色键

"颜色键"视频效果用于去除画面中的指定色彩。图4-275所示为源素材,图4-276所示为应用"颜色键"视频效果后的效果。

图 4-273 源素材

图 4-274 应用"非红色键"视频效果后的效果

图 4-275 源素材

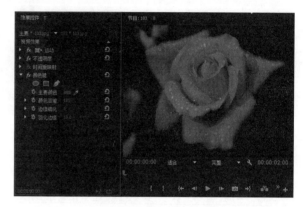
图 4-276 应用"颜色键"视频效果后的效果

4.2.18 风格化

"风格化"类视频效果是通过移动和置换图像像素，以及提高图像对比度的方式来产生各种特殊效果。"风格化"类视频效果包括"Alpha发光"、"复制"、"彩色浮雕"、"抽帧"、"曝光过度"、"查找边缘"、"浮雕"、"画笔描边"、"粗糙边缘"、"纹理化"、"闪光灯"、"阈值"和"马赛克"13种视频效果，如图4-277所示。

1．Alpha 发光

"Alpha发光"视频效果仅对具有Alpha通道的素材起作用，而且仅对第1个Alpha通道起作用。该特效可以在Alpha通道指定的区域边缘产生一种颜色逐渐衰减或切换到另一种颜色的效果。图4-278所示为源素材，图4-279所示为应用"Alpha发光"视频效果后的效果。

图 4-277 "风格化"类视频效果

2．复制

"复制"视频效果可以将整个画面分成若干区域，其中每个区域都将显示完整的画面效果。图4-280所示为源素材，图4-281所示为应用"复制"视频效果后的效果。

3．彩色浮雕

"彩色浮雕"视频效果可以在画面中产生浮雕效果，但并不压抑画面的初始色彩。图4-282所示为源素材，图4-283所示为应用"彩色浮雕"视频效果后的效果。

图 4-278　源素材

图 4-279　应用"Alpha 发光"视频效果后的效果

图 4-280　源素材

图 4-281　应用"复制"视频效果后的效果

图 4-282　源素材

图 4-283　应用"纹理化"视频效果后的效果

4．抽帧

"抽帧"视频效果可以通过减少红色、绿色和蓝色通道上的色阶来创建特殊的颜色效果。图 4-284 所示为源素材，图 4-285 所示为应用"抽帧"视频效果后的效果。

5．曝光过度

"曝光过度"视频效果可以将画面处理成冲洗底片时的效果。图 4-286 所示为源素材，图 4-287 所示为应用"曝光过度"视频效果后的效果。

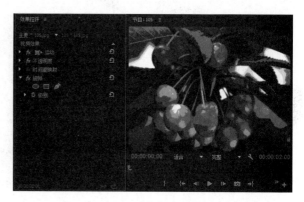

图 4-284　源素材　　　　　　图 4-285　应用"抽帧"视频效果后的效果

图 4-286　源素材　　　　　　图 4-287　应用"曝光过度"视频效果后的效果

6．查找边缘

"查找边缘"视频效果会使素材图像呈现出黑白草图的效果。该特效会查找高对比度的图像区域，并将它们转换为白色背景中的黑色线条，或者黑色背景中的彩色线条。图 4-288 所示为源素材，图 4-289 所示为应用"查找边缘"视频效果后的效果。

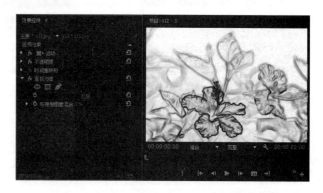

图 4-288　源素材　　　　　　图 4-289　应用"查找边缘"视频效果后的效果

7．浮雕

"浮雕"视频效果可以在画面中产生单色浮雕效果。图 4-290 所示为源素材，图 4-291 所示为应用"浮雕"视频效果后的效果。

图 4-290　源素材

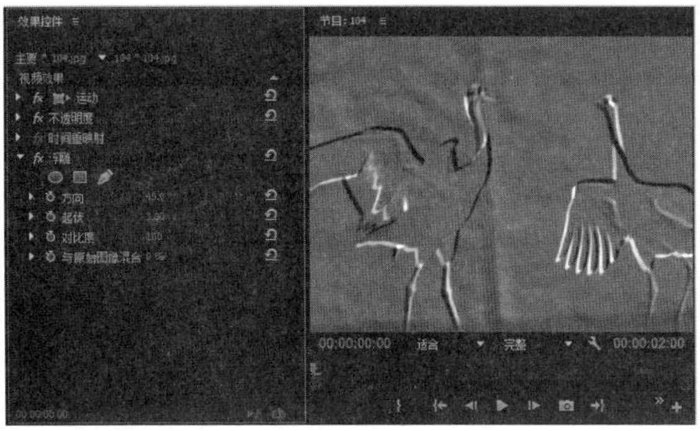

应用"浮雕"视频效果后的效果

图 4-291　应用"浮雕"视频效果后的效果

8．画笔描边

"画笔描边"视频效果可以为画面添加一个粗略的着色效果，另外通过设置该特效画笔描边的长短和密度还可以制作出油画风格的效果。图 4-292 所示为源素材，图 4-293 所示为应用"画笔描绘"视频效果后的效果。

图 4-292　源素材

图 4-293　应用"画笔描边"视频效果后的效果

9．粗糙边缘

"粗糙边缘"视频效果可以使画面边缘呈现出一种粗糙化的效果，该效果类似于腐蚀而成的纹理或溶解效果。图 4-294 所示为源素材，图 4-295 所示为应用"粗糙边缘"视频效果后的效果。

图 4-294　源素材

图 4-295　应用"粗糙边缘"视频效果后的效果

10．纹理化

"纹理化"视频效果可以使画面看起来具有其他素材画面的纹理效果。图 4-296 所示为源素材，

图4-297所示为应用"纹理化"视频效果后的效果。

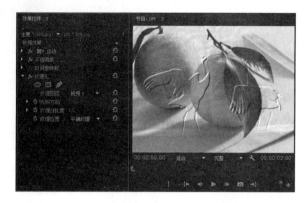

图4-296　源素材　　　　　　　　　　图4-297　应用"纹理化"视频效果后的效果

11．闪光灯

"闪光灯"视频效果可以使画面模拟出频闪或闪光灯的效果。图4-298所示为源素材，图4-299所示为应用"闪光灯"视频效果后的效果。

图4-298　源素材　　　　　　　　　　图4-299　应用"闪光灯"视频效果后的效果

12．阈值

"阈值"视频效果可以通过调整"色阶"数值将画面转换为黑、白两种色彩。当"色阶"数值为0时，画面为白色；当"色阶"数值为255时，画面为黑色，通常取中间值。图4-300所示为源素材，图4-301所示为应用"阈值"视频效果后的效果。

图4-300　源素材　　　　　　　　　　图4-301　应用"阈值"视频效果后的效果

13. 马赛克

"马赛克"视频效果可以将画面分成若干个小方格,其中每一个方格都用本格内所有颜色的平均色进行填充。图4-302所示为源素材,图4-303所示为应用"马赛克"视频效果后的效果。

图4-302 源素材

图4-303 应用"马赛克"视频效果后的效果

4.3 实例讲解

本节将通过"制作动态水中倒影效果"、"制作画中画效果"、"制作彩色视频切换为线描视频效果"、"制作水墨画效果"、"制作影片中的帧定格效果"和"制作局部马赛克效果"6个实例来讲解Premiere Pro CC 2018的视频效果在实践中的应用。

4.3.1 制作动态的水中倒影效果

要点

本例将制作动态的水中文字倒影效果,如图4-304所示。通过本例的学习,读者应掌握在Premiere Pro CC 2018中使用photoshop图层,以及"波形变形"特效的应用。

4.3.1 制作动态的水中倒影效果

图4-304 动态水中倒影效果

操作步骤

1. 编辑图片素材

(1)启动Photshop CC 2018软件,执行"文件|打开"命令,打开资源素材中的"素材及结果\4.3.1 制作动态的水中倒影效果\背景.jpg"文件,如图4-305所示。

(2)输入文字。选择工具箱中的 T (横排文字工具),然后在图片中输入文字"水中倒影",并在选项栏中将字体设置为"隶书",字号设置为100点,接着将其移动到画面中,效果如图4-306所示。

图4-305 "背景.jpg"图片　　　　　　　　　图4-306 输入文字"水中倒影"

（3）制作倒影文字效果。在"图层"面板中选择"水中倒影"层，然后将其拖到图层面板下方的🔲（创建新图层）按钮上，从而产生一个名称为"水中倒影 拷贝"图层，如图4-307所示。接着选择复制后的图层，执行"编辑|变换|垂直翻转"命令，将其垂直翻转。最后利用工具箱中的⊕（移动工具）将翻转后的文字向下移动，放置到图片中水的位置，如图4-308所示。

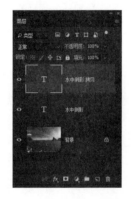

图4-307 复制出"水中倒影副本"图层　　　　图4-308 将文字垂直翻转并调整位置后的效果

（4）制作倒影文字的半透明效果。在"图层"面板中选择"水中倒影"层，然后单击"图层"面板下方的🔲（添加图层蒙版）按钮，给该层添加一个蒙版，如图4-309所示。接着选择工具箱中的🔲（渐变工具），在选项栏设置渐变色为▭（白-黑），渐变类型为🔲（线性渐变），再对蒙版从上到下进行填充，效果如图4-310所示。

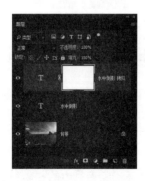

图4-309 给"水中倒影"层添加图层蒙版　　　图4-310 对蒙版进行处理后的效果

（5）将图片中的水面区域单独分离出来。选择"背景"层，然后利用工具箱中的🔲（多边形套索工具）选取图片中的水面部分，如图4-311所示。接着将"背景"图层拖到"图层"面板下方的🔲（创建新图层）按钮上，从而创建出一个"背景 拷贝"层。最后单击"图层"面板下方的🔲（添加图层蒙版）按钮，从而将水面选区创建一个蒙版，如图4-312所示。

（6）为了便于在Premiere中制作倒影文字和水面一起进行波动的效果，下面进行图层合并。将"背景 拷贝"层移动到"水中倒影 拷贝"层的下方，如图4-313所示。然后选择"水中倒影 副本"层，单击"图层"面板右上角的 按钮，从弹出的快捷菜单中选择"向下合并"命令，如图4-314所示，接着在弹出的图4-315所示的对话框中单击"应用"按钮，即可将"背景 拷贝"和"水中倒影 拷贝"层合并为一个图层，如图4-316所示。

图4-311 选取图片中的水面部分

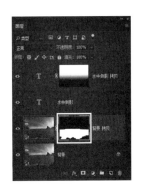

图4-312 将水面选区创建一个蒙版

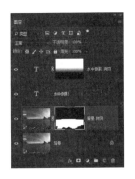

图4-313 调整图层顺序

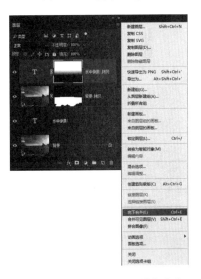

图4-314 选择"向下合并"命令

图4-315 单击"应用"按钮

图4-316 图层分布

（7）执行"文件|存储为"命令，将文件保存为"背景.psd"文件。

2. 制作动态水波效果

（1）启动 Premiere Pro CC 2018，单击"新建项目"按钮，新建一个名称为"动态水中倒影效果"的项目文件，然后再新建一个 DV-PAL 制标准 48kHz 的"序列 01"序列文件。

（2）导入图片素材。执行"文件|导入"（快捷键【Ctrl+I】）命令，然后在弹出的"导入"对话框选择刚才保存的"素材及结果\4.3.1 制作动态的水中倒影效果\背景.psd"文件，如图 4-317 所示，单击"打开"按钮。接着在弹出的"导入分层文件：背景"对话框中设置参数如图 4-318 所示，单击"确定"按钮，即可将"背景.psd"文件分层导入到"项目"面板中，如图 4-319 所示。

（3）将素材放入时间轴。将"项目"面板中的"背景/背景.psd"、"图层1/背景.psd"和"水中倒影/背景.psd"素材分别拖入"时间轴"面板的"V1"、"V2"和"V3"轨道中，入点均为00:00:00:00，此时"时间轴"面板如图 4-320 所示。

图 4-317　选择"背景.psd"文件

图 4-318　导入分层文件：背景"对话框

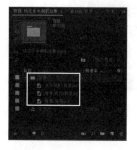

图 4-319　"项目"面板

图 4-320　将素材放入"时间轴"面板

（4）制作动态水中倒影效果。在"效果"面板搜索栏中输入"波形弯曲"，如图 4-321 所示。然后将"波形弯曲"特效拖入到"时间轴"面板中的"V2"轨道中的"图层1/背景.psd"素材上。接着在"效果控件"面板"波形变形"特效中设置参数如图 4-322 所示，效果如图 4-323 所示。

图 4-321　选择"波形变形"特效

图 4-322　设置"波形变形"参数

图 4-323　设置"波形变形"参数后的效果

（5）至此，整个动态的水中倒影效果制作完毕。执行"文件|项目管理"命令，将文件打包。然后执行"文件|导出|媒体"（快捷键【Ctrl+M】）命令，将其输出为"动态的水中倒影效果.mp4"文件。

4.3.2 制作画中画效果

要点

本例将制作一个镜头拉伸的画中画效果，如图4-324所示。通过本例的学习，读者应掌握"边角定位"视频特效和"嵌套"命令的综合应用。

原图

镜头拉伸的画中画效果

图4-324 画中画效果

操作步骤

1. 将视频素材放置到画面的指定区域

（1）启动Premiere Pro CC 2018，执行"文件|新建|项目（快捷键是【Ctrl+Alt+N】）命令，新建一个名称为"画中画效果"的项目文件。接着新建一个预设为"ARRI 1080p 25"的"序列01"序列文件。

（2）导入素材。执行"文件|导入"命令，导入资源素材中的"素材及结果\4.3.2 制作画中画效果\ 素材1. mp4"、"素材2. mp4"和"背景.jpg"文件，接着在"项目"面板下方单击■（图标视图）按钮，将素材以图标视图的方式进行显示，此时"项目"面板如图4-325所示。

（3）将"项目"面板中的"背景.jpg"素材拖入"时间轴"面板的V1轨道，入点为00:00:00:00，如图4-326所示。

图4-325 "项目"面板

图4-326 "时间轴"面板

（4）在图4-327所示的"背景.jpg"中的指示位置放置"素材1.mp4"视频。将"项目"面板中的"素材1.mp4"拖入"时间轴"面板的V2轨道，入点为00:00:00:00，如图4-328所示。然后将V1轨道的"背景.jpg"素材的长度设置为与V2轨道的"素材1.mp4"素材等长,如图4-329所示,此时"节目"监视器中的显示效果如图4-330所示。

图4-327 "背景.jpg"中的指示位置

图4-328 将"素材1.mp4"拖入"时间轴"面板的V2轨道

图4-329 将V1轨道的"背景.jpg"素材的长度设置为与V2轨道的"素材1.mp4"素材等长

图4-330 "节目"监视器中的显示效果

(5)在"效果"面板搜索栏中输入"边角定位",如图4-331所示。然后将"边角定位"视频特效拖到"时间轴"面板V2轨道上的"素材1.mp4"素材上。接着在"效果控件"面板中选择"边角定位",如图4-332所示。再在"节目"监视器中调整4个定位点的位置,使之与指定区域中的LED屏进行匹配,如图4-333所示。

图4-331 输入"边角定位"

图4-332 选择"边角定位"

图4-333 调整4个定位点的位置,使之与指定区域中的LED屏进行匹配

(6)在图4-334所示的"背景.jpg"中的指示位置放置"素材2.mp4"视频。将"项目"面板中的"素材2.mp4"拖入"时间轴"面板的V3轨道,入点为00:00:00:00,如图4-335所示,此时"节目"

监视器中的显示效果如图 4-336 所示。然后将"边角定位"视频特效拖到"时间轴"面板 V3 轨道上的"素材 2.mp4"素材上。接着在"效果控件"面板中选择"边角定位",再在"节目"监视器中调整 4 个定位点的位置,使之与指定区域中的 LED 屏进行匹配,如图 4-337 所示。

图 4-334 "背景 .jpg"中的指示位置

图 4-335 将"素材 1.mp4"拖入"时间轴"面板的 V2 轨道

图 4-336 "节目"监视器中的显示效果

图 4-337 调整 4 个定位点的位置,使之与指定区域中的 LED 屏进行匹配

2. 制作画面由中景逐渐拉伸为近景的效果

(1) 同时选择 V2~V3 轨道上的所有素材,右击,从弹出的快捷菜单中选择"嵌套"命令,接着在弹出的图 4-338 所示的"嵌套序列名称"对话框中保持默认参数,单击"确定"按钮,此时"时间轴"面板如图 4-339 所示。

图 4-338 "嵌套序列名称"对话框

图 4-339 "时间轴"面板

(2) 将时间定位在 00:00:01:00 的位置,然后在"效果控件"面板中记录一个"位置"和"缩放"的关键帧,如图 4-340 所示。接着将时间定位在 00:00:03:00 的位置,将"缩放"的数值设置为 150.0,"位置"的数值设置为(960.0,800.0)如图 4-341 所示。此时按空格键进行预览,就可以看到画面由中景逐渐拉伸为近景的效果了,如图 4-342 所示。

 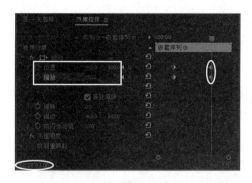

图 4-340　在 00:00:01:00 的位置记录一个"位置"和"缩放"的关键帧　　　图 4-341　在 00:00:03:00 的位置调整"位置"和"缩放"的数值

图 4-342　预览效果

（3）至此，整个画中画制作完毕。执行"文件|项目管理"命令，将文件打包。然后执行"文件|导出|媒体"（快捷键【Ctrl+M】）命令，将其输出为"画中画效果.mp4"文件。

4.3.3　制作彩色视频切换为线描视频效果

本例将制作彩色视频逐渐切换为线描视频效果，如图 4-343 所示。通过本例的学习，读者应掌握"黑白"、"查找边缘"和"自动对比度"视频特效的综合应用。

4.3.3　制作彩色视频切换为线描视频效果

图 4-343　彩色视频切换为线描视频效果

操作步骤

（1）启动 Premiere Pro CC 2018，执行"文件|新建|项目"（快捷键是【Ctrl+Alt+N】）命令，新建一个名称为"线描效果"的项目文件。接着新建一个预设为"ARRI 1080p 25"的"序列 01"序列文件。

（2）导入素材。执行"文件|导入"命令，导入资源素材中的"素材及结果\4.3.3 制作彩色视频切换为线描视频效果\ 素材.mp4"文件，然后将其拖入"时间轴"面板的 V1 轨道，入点为 00:00:00:00，接着按的【\】键，将其在时间轴中最大化显示，如图 4-344 所示。

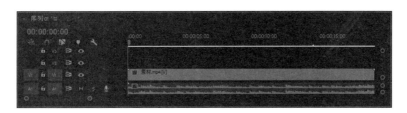

图 4-344 将"素材 .mp4"文件拖入 V1 轨道中

（3）将彩色视频处理为黑白视频。在"效果"面板中的搜索栏中输入"黑白"，如图 4-345 所示，然后将"黑边"视频特效拖到"时间轴"面板 V1 轨道中的"素材 .mp4"素材上，此时彩色视频就被处理为黑白视频了，如图 4-346 所示。

图 4-345 输入"黑白"　　　　　图 4-346 彩色视频被处理为黑白视频的效果

（4）将视频处理为线描效果。在"效果"面板中的搜索栏中输入"查找边缘"，如图 4-347 所示，然后将"查找边缘"视频特效拖到"时间轴"面板 V1 轨道中的"素材 .mp4"素材上，此时视频就被处理为线描效果了，如图 4-348 所示。

图 4-347 输入"查找边缘"　　　　图 4-348 视频被处理为线描效果

（5）调整视频的对比度。在"效果"面板中的搜索栏中输入"自动对比度"，如图 4-349 所示，然后将"自动对比度"视频特效拖到"时间轴"面板 V1 轨道中的"素材 .mp4"素材上，再在"效果控件"面板的"自动对比度"特效中将"减少黑色像素"的数值设置为 10.00%，如图 4-350 所示，效果如图 4-351 所示。

（6）按空格键进行预览，效果如图 4-352 所示。

图 4-349 输入"自动对比度"　　图 4-350 将"减少黑色像素"的数值设置为 10.00%　　图 4-351 将"减少黑色像素"的数值设置为 10.00% 的效果

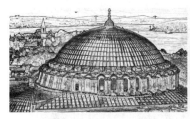  

图 4-352 预览效果

（7）此时视频为线描效果，下面将视频处理为由彩色视频切换为黑白视频的效果。利用工具箱中的 ■（剃刀工具），将 V1 轨道的"素材 .mp4"从 00:00:08:00 的位置一分为二，如图 4-353 所示。然后选择 00:00:08:00 之前的素材，在"效果控件"面板中单击"黑白"、"查找边缘"和"自动对比度"3个视频特效前的 ■ 按钮，切换为 ■ 状态，从而关闭视频特效的显示，如图 4-354 所示。按空格键进行预览，即可看到彩色视频切换为黑白视频的效果了。

图 4-353 将"素材 .mp4"从 00:00:08:00 的位置一分为二　　图 4-354 关闭视频特效的显示

（8）此时在 00:00:08:00 的位置，彩色视频会直接切换为黑白视频，显得很生硬。在"效果"面板搜索栏中输入"交叉溶解"，然后将"交叉溶解"视频过渡拖到 V1 轨道两段素材相接的位置。按空格键进行预览，就可以看到两段视频之间很自然的过渡效果了，如图 4-355 所示。

（9）至此，彩色视频切换为黑白视频的效果制作完毕。执行"文件|项目管理"命令，将文件打包。然后执行"文件|导出|媒体"（快捷键【Ctrl+M】）命令，将其输出为"彩色视频切换为黑白视频的效果 .mp4"文件。

图 4-355　预览效果

4.3.4　制作水墨画效果

4.3.4　制作水墨画效果

要点

本例将制作把一幅彩色图像处理为水墨画效果，如图4-356所示。通过本例学习应掌握创建"颜色遮罩"，混合模式，"黑白"特效、"查找边缘"特效、"自动对比度"特效和"高斯模糊"特效的综合应用。

（a）原图　　　　　　　　　　　　（b）结果图

图 4-356　水墨画效果

操作步骤

1. 将画面处理为水墨效果

（1）启动 Premiere Pro CC 2018，单击"新建项目"按钮，新建一个名称为"水墨画效果"的项目文件。

（2）导入图片素材。执行"文件|导入"命令，导入资源素材中的"素材及结果\4.3.4 制作水墨画效果\风景图片.tif"和"题词.tif"文件，如图4-357所示。

（3）将"项目"面板中的"风景图片.tif"拖入"时间轴"面板，然后将其放置到V2轨道中，入点为00:00:00:00，按住【\】键，将其在时间轴中最大化显示，如图4-358所示，效果如图4-359所示。

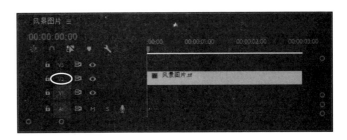

图 4-357　"项目"面板　　　　　图 4-358　将"风景图片.tif"放入 V2 轨道，入点为 00:00:00:00

(4) 将彩色图像处理为黑白图像。在"效果"面板的搜索栏中输入"黑白",如图4-360所示,然后将"黑白"视频特效拖到V2轨道中的"风景图片.tif"素材上,此时彩色图片就被处理为黑白图像了,效果如图4-361所示。

(5) 制作边缘线条效果。在"效果"面板的搜索栏中输入"查找边缘",如图4-362所示,然后将"查找边缘"视频特效拖到V2轨道中的"风景图片.tif"素材上,接着在"效果控件"面板的"查找边缘"特效中将"与原始图像混合"的数值设置为45%,此时图像就产生了一种边缘效果,如图4-363所示。

(6) 增加图像的对比度。在"效果"面板的搜索栏中输入"自动对比度",如图4-364所示,然后将"自动对比度"视频特效拖到V2轨道中的"风景图片.tif"素材上,接着在"效果控件"面板的"自动对比度"特效中将"减少黑色像素"的数值设置为10.00%,效果如图4-365所示。

图4-359 "节目"监视器的显示效果

(7) 制作画面的模糊效果。在"效果"面板的搜索栏中输入"高斯模糊",如图4-366所示,然后将"高斯模糊"视频特效拖到V2轨道中的"风景图片.tif"素材上,接着在"效果控件"面板的"高斯模糊"特效中将"模糊度"的数值设置为8.0,效果如图4-367所示。

图4-360 选择"黑白"特效

图4-361 添加"黑白"特效后的的显示效果

图4-362 选择"查找边缘"特效

图4-363 设置"查找边缘"特效后的显示效果

图 4-364 选择"自动对比度"特效

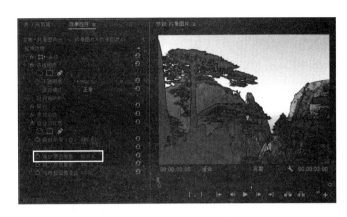

图 4-365 设置"自动对比度"特效后的效果

图 4-366 选择"高斯模糊"特效

图 4-367 设置"高斯模糊"特效后的效果

(8) 缩小图像的高度。在"效果控件"面板中展开"运动"参数,然后取消勾选"等比缩放"复选框,再将"缩放高度"的数值设置为 80.0,此时图像的高度就变为了原来的 80%,如图 4-368 所示。

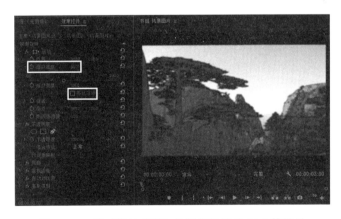

图 4-368 将"缩放高度"的数值设置为 80.0 的效果

2. 添加题词

(1) 将"项目"面板中的"题词.tif"拖入"时间轴"面板的 V3 轨道中,入点为 00:00:00:00,如图 4-369 所示,此时"节目"监视器的显示效果如图 4-370 所示。

(2) 此时"题词.tif"带有白底,下面去除题词的白底。选择 V3 轨道上的"题词.tif"素材,然后在"效果控件"面板中将"混合模式"设置为"相乘",此时题词的白底就被去除了。接着将"位置"的数值设置为(580.0,140.0),使题词位于画面的右上角,如图4-371所示。

图4-369 将"题词.tif"拖入"时间轴"面板的V3轨道中

图4-370 显示效果

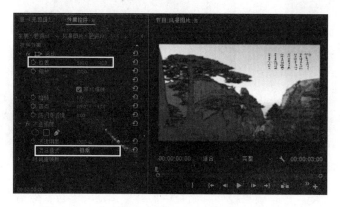

图4-371 将去除白底的题词放置到画面的右上角

3. 添加装裱画面

(1)制作背景。单击"项目"面板下方的 ■(新建项)按钮,然后从弹出的下拉菜单中选择"颜色遮罩"命令,如图4-372所示。接着在弹出的"新建颜色遮罩"对话框中保持默认参数,如图4-373所示,单击"确定"按钮。再在弹出的"拾色器"对话框中设置一种土黄色(RGB为(190,190,165)),如图4-374所示,单击"确定"按钮,最后在弹出的"选择名称"对话框中保持默认参数,如图4-375所示,单击"确定"按钮,即可完成土黄色背景的创建,此时"项目"面板如图4-376所示。

(2)将"项目"面板中的"颜色遮罩"素材拖入"时间轴"面板的V1轨道中,入点为00:00:00:00,如图4-377所示。

图4-372 选择"颜色遮罩"命令

图4-373 "新建颜色遮罩"对话框

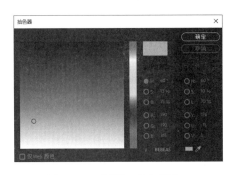
图 4-374 设置一种土黄色

图 4-375 保持默认参数

图 4-376 "项目"面板

图 4-377 将"颜色遮罩"拖入"时间线"面板的 V1 轨道中

（3）此时看不到背景效果，这是因为"风景图片 .tif"素材将颜色遮罩遮挡住了，选中 V2 轨道上的"风景图片 .tif"素材，然后在"效果控制台"面板中取消勾选"等比缩放"复选框，再将"缩放高度"设置为"80.0"，如图 4-378 所示。

（4）至此，整个水墨画效果制作完毕。执行"文件|项目管理"命令，将文件打包。然后执行"文件|导出|媒体"命令，将其输出为"水墨画效果 .tga"文件。

4.3.5 制作影片中的帧定格效果

图 4-378 显示效果

要点

本例将制作一个影片中经常见到的按下相机快门时产生的帧定格效果，如图 4-379 所示。通过本例的学习，读者应掌握"插入帧定格分段"命令、"白场过渡"视频过渡和"黑白"视频特效的综合应用。

视频 ●

4.3.5 制作影片中的帧定格效果

图 4-379 影片中的帧定格效果

图 4-379 影片中的帧定格效果（续）

操作步骤

（1）启动 Premiere Pro CC 2018，执行"文件|新建|项目（快捷键是【Ctrl+Alt+N】）"命令，新建一个名称为"影片帧定格效果"的项目文件。接着新建一个预设为"ARRI 1080p 25"的"序列 01"序列文件。

（2）导入素材。执行"文件|导入"命令，导入资源素材中的"素材及结果\4.3.5 制作影片中的帧定格效果\ 素材.mp4"、"快门声音.mp3"和"背景音乐.mp4"文件，此时"项目"面板如图 4-380 所示。

（3）将"项目"面板中的"素材.mp4"素材拖入"时间轴"面板的 V1 轨道中，入点为 00:00:00:00，如图 4-381 所示。

图 4-380 导入素材　　　图 4-381 将"素材.mp4"拖入"时间轴"面板的 V1 轨道

（4）按空格键预览，会看到这是一段行驶的汽车视频。下面将时间定位在 00:00:02:00 的位置，右击 V1 轨道上的"素材.mp4"，从弹出的快捷菜单中选择"插入帧定格分段"命令，此时 V1 轨道上的"素材.mp4"会被分为 3 段，如图 4-382 所示。

（5）按空格键预览，就可以看到 V1 轨道第 1 段和第 3 段视频为汽车行驶的视频，而第 2 段是静止的汽车帧定格画面。

图 4-382　V1 轨道上的"素材.mp4"会分为 3 段

（6）将第 2 段帧定格画面的持续时间设置为 15 帧。右击 V1 轨道上第 2 段"素材.mp4"，从弹出的快捷菜单中选择"速度/持续时间"命令，接着在弹出的"剪辑速度/持续时间"对话框中将"持续时间"设置为00:00:15:00,如图4-383所示,单击"确定"按钮,此时"时间轴"面板如图4-384所示。

(7)将V1轨道上第3段"素材.mp4"素材往前移动,使之与第2段"素材.mp4"素材首尾相接,如图4-385所示。

(8)按住【\】键,将素材在时间轴中最大化显示,如图4-386所示。

(9)在"效果"面板搜索栏中输入"白场过渡",如图4-387所示。然后将"白场过渡"视频过渡拖到V1轨道第1段和第2段"素材1.mp4"素材之间,如图4-388所示。接着双击"白场过渡",从弹出的"设置过渡持续时间"对话框中将"持续时间"设置为00:00:00:15,如图4-389所示,单击"确定"按钮。

图4-383 将"持续时间"设置为00:00:15:00

(10)同理,将"白场过渡"视频过渡拖到V1轨道第2段和第3段"素材1.mp4"素材之间,再将"持续时间"也设置为00:00:00:15,此时"时间轴"面板如图4-390所示。

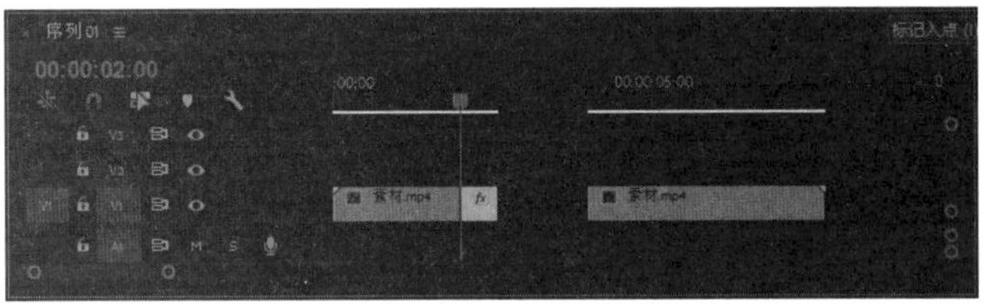

图4-384 "时间轴"面板

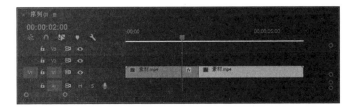

图4-385 使第3段"素材.mp4"素材与第2段"素材.mp4"素材首尾相接

图4-386 将素材在时间轴中最大化显示

图4-387 输入"白场过渡"

图4-388 输入"白场过渡"

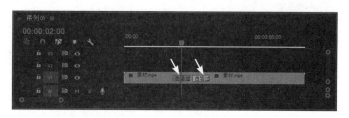

图 4-389　将"持续时间"设置为 00:00:00:15　　　图 4-390　"时间轴"面板

（11）按空格键预览，就可以看到3段素材之间的白场过渡效果了，如图4-391所示。

图 4-391　预览效果

（12）制作第2段"素材.mp4"素材的逐渐放大效果。将时间定位在00:00:02:00的位置（也就是第2段素材的起始位置），然后选择V1轨道上的第2段素材，在"效果控件"面板中记录一个"缩放"关键帧，如图4-392所示。接着将时间定位在00:00:02:15的位置（也就是第2段素材的结束位置），在"效果控件"面板中将"缩放"的数值设置为115.0，如图4-393所示。此时按空格键预览，就可以看到第2段素材在白场过渡的同时逐渐放大的效果了，如图4-394所示。

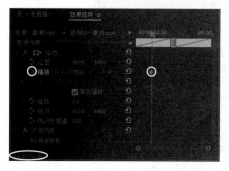
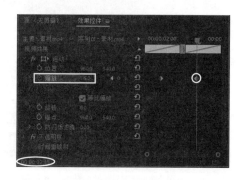

图 4-392　在 00:00:02:00 的位置记录　　　图 4-393　在 00:00:02:15 的位置将"缩放"
　　　一个"缩放"关键帧　　　　　　　　　　　的数值设置为 115.0

图 4-394　预览效果

图 4-394　预览效果（续）

（13）添加声音效果。将"项目"面板中的"快门声音.mp3"拖到"时间轴"面板 A1 轨道上，入点为 00:00:02:00（也就是第 2 段素材的起始位置），如图 4-395 所示。然后将"项目"面板中的"背景音乐.mp4"拖入"时间轴"面板 A2 轨道中，入点为 00:00:00:00，如图 4-396 所示。

图 4-395　将"快门声音.mp3"拖入"时间轴"面板 A1 轨道中，入点为 00:00:02:00

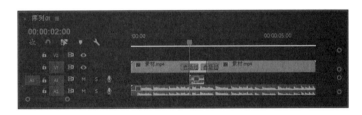

图 4-396　将"背景音乐.mp4"拖入"时间轴"面板 A2 轨道中，入点为 00:00:00:00

（14）按空格键预览。

（15）至此，影片中的帧定格效果制作完毕。执行"文件|项目管理"命令，将文件打包。然后执行"文件|导出|媒体"（快捷键〈Ctrl+M〉）命令，将其输出为"影片中的帧定格效果.mp4"文件。

4.3.6　制作局部马赛克效果

视频 ●

4.3.6　制作局部马赛克效果

📖 **要点**

本例将制作影片中常见的局部马赛克效果，如图 4-397 所示。通过本例学习，应掌握"裁剪"特效和"马赛克"视频特效的综合应用。

图 4-397　局部马赛克效果

操作步骤

1. 导入素材

（1）启动Premiere Pro CC 2018，执行"文件|新建|项目（快捷键是【Ctrl+Alt+N】）命令，新建一个名称为"局部马赛克效果"的项目文件。

（2）导入视频素材。执行"文件|导入"命令，导入资源素材中的"素材及结果\4.3.6 制作局部马赛克效果\人物.avi"文件。然后将其拖入"时间轴"面板的V1轨道中，入点为00:00:00:00，按住【\】键，将其在时间轴中最大化显示，如图4-398所示。

图 4-398　将"人物.avi"文件拖入V1轨道中

2. 设置动态的马赛克区域

（1）在"时间线"面板中复制素材作为制作马赛克的视频。按住【Alt】键，将V1轨道上的"人物.avi"素材复制到V2轨道中，如图4-399所示。

图 4-399　将V1轨道上的"人物.avi"素材复制到V2轨道中

（2）在"效果"面板中的搜索栏中输入"裁剪"，如图4-400所示，然后将"裁剪"视频特效拖到"时间轴"面板V2轨道中的"人物.avi"素材上。

（3）为了便于设置裁剪区域，下面隐藏V1轨道的显示，如图4-401所示。

图 4-400　输入"裁剪"　　　　　图 4-401　隐藏V1轨道的显示

（4）选中V2轨道上的"人物.avi"素材，然后在"效果控件"面板中，将时间滑块移动到00:00:00:00的位置，单击"左侧"、"顶部"、"右侧"和"底部"前的按钮，插入关键帧，并设置参数如图4-402所示，此时"节目"监视器就会显示出头部的裁剪区域，如图4-403所示。

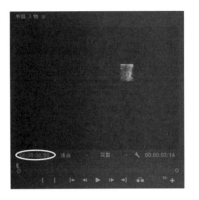

图 4-402 在 00:00:00:00 处设置"裁剪"关键帧参数　　图 4-403 显示出头部的裁剪区域

（5）将时间滑块移动到 00:00:01:00 的位置，设置"裁剪"的关键帧参数如图 4-404 所示，此时"节目"监视器中的显示效果，如图 4-405 所示。

图 4-404 在 00:00:01:00 处设置"裁剪"关键帧参数　　图 4-405 "节目"监视器中的显示效果

（6）将时间滑块移动到 00:00:01:11 的位置，设置"裁剪"的关键帧参数如图 4-406 所示，此时"节目"监视器中的显示效果，如图 4-407 所示。

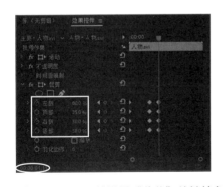

图 4-406 在 00:00:01:11 处设置"裁剪"关键帧参数　　图 4-407 "节目"监视器中的显示效果

（7）将时间滑块移动到 00:00:02:00 的位置，设置"裁剪"的关键帧参数如图 4-408 所示，此时"节目"监视器中的显示效果，如图 4-409 所示。

（8）将时间滑块移动到 00:00:03:13 的位置，设置"裁剪"的关键帧参数如图 4-410 所示，此时"节目"监视器中的显示效果，如图 4-411 所示。

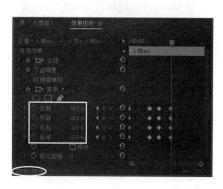
图4-408 在00:00:01:11处设置"裁剪"关键帧参数

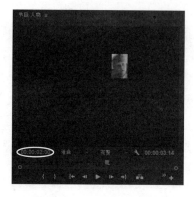
图4-409 "节目"监视器中的显示效果

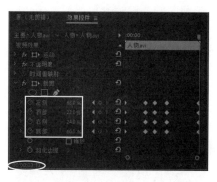
图4-410 在00:00:03:13处设置"裁剪"关键帧参数

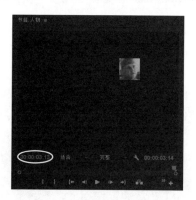
图4-411 "节目"监视器中的显示效果

（9）此时拖动时间滑块就可以看到裁剪区域跟随头部的运动而一起移动的效果了。

3．制作马赛克效果

（1）在"效果"面板的搜索栏中输入"马赛克"，如图4-412所示，然后将"马赛克"视频特效拖到"时间轴"面板V2轨道中的"人物.avi"素材上。

（2）选择V2轨道上的"人物.avi"素材，然后在"效果控件"面板的"马赛克"特效中将"水平块"和"垂直块"的数值均设置为50，如图4-413所示，此时"节目"监视器中的显示效果，如图4-414所示。

图4-412 输入"马赛克"

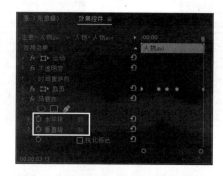
图4-413 设置"马赛克"特效的参数

图4-414 "马赛克"效果

（3）在"时间轴"面板中恢复V1轨道的显示，如图4-415所示。
（4）按空格键进行预览。

图 4-415 恢复 V1 轨道的显示

（5）至此，局部马赛克效果制作完毕。执行"文件|项目管理"命令，将文件打包。然后执行"文件|导出|媒体"(快捷键【Ctrl+M】)命令，将其输出为"局部马赛克效果.mp4"文件。

课后练习

一、填空题

1. 利用_____视频效果可以在画面上产生类似闪电或电火花的光电效果；利用_____视频效果可以模拟出镜头光斑的效果。

2. 利用_____视频效果可以去除画面中的蓝色部分；利用_____视频效果可以同时去除画面中的蓝色和绿色背景。

二、选择题

1. 使用下列（　　）视频效果可以制作出图 4-416 所示的重影效果。
   A. 偏移　　　　　　B. 变换　　　　　　C. 弯曲　　　　　　D. 镜头扭曲

图 4-416

2. 使用下列（　　）视频效果可以制作出图 4-417 所示的倒角效果。
   A. 基本 3D　　　　B. 投影　　　　　　C. 斜角边　　　　　D. 斜面 Alpha

图 4-417

三、问答题/上机题

1. 简述添加视频效果的方法。
2. 利用资源素材中的"课后练习\第4章\练习1"中的相关素材制作图4-418所示的逐一翻开的画面效果。

图4-418　练习1的效果

3. 利用资源素材中的"课后练习\第4章\练习2"中的相关素材制作图4-419所示的水墨画效果。

（a）原图　　　　　　　　　　　　　（b）结果图

图4-419　练习2的效果

第 5 章 字幕的应用

字幕是现代影视节目中的重要组成部分，可以起到解释画面、补充内容等作用。Premiere 作为专业视频编辑软件，有着强大的字幕制作和处理功能。通过本章的学习，读者应掌握以下内容：
- 认识字幕窗口；
- 掌握文本字幕的创建方法；
- 掌握使用图形字幕对象的方法；
- 掌握字幕效果的编辑方法；
- 掌握创建动态字幕的方法。

5.1 初识字幕

字幕是影视制作中常用的信息表现元素，独立于视频、音频这些常规内容。很多影视的片头都会用到精彩的标题字幕，以使影片更为完整。

5.1.1 字幕的创建

所谓字幕，是指在视频素材和图片素材之外，由用户自行创建的可视化元素，如文字、图形等。在 Premiere Pro CC 2018 中可以创建旧版和新版两种字幕。

1．创建旧版字幕

创建旧版字幕的具体操作步骤如下：

（1）启动 Premiere Pro CC 2018，执行"文件|新建|旧版标题"命令。

（2）在弹出的图 5-1 所示的"新建字幕"窗口中设置参数，单击"确定"按钮，弹出图 5-2 所示的字幕面板，此时"项目"面板中会显示出新建的字幕，如图 5-3 所示。

2．创建新版字幕

创建新版字幕的具体操作步骤如下：

（1）在工具面板中选择 ■（文字工具），如图 5-4 所示。

（2）在"节目"监视器中单击，即可在时间线中创建一个字幕层，如图 5-5 所示。然后在"节目"监视器输入相应文字即可，如图 5-6 所示。

（3）在"效果控件"面板中可以对字幕中文字的字体、字号、填充、描边和阴影等参数进行调整，如图 5-7 所示。

(4)在"基本图形"面板中还可以调整字幕与画面的对齐方式,如图5-8所示。

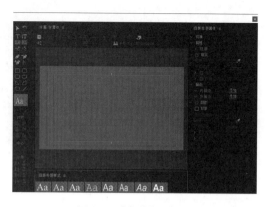

图5-1 "新建字幕"对话框　　　　图5-2 "字幕"面板　　　　图5-3 新建的字幕

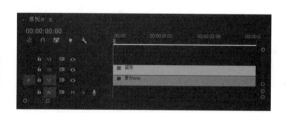

图5-4 选择T(文字工具)　　图5-5 创建一个字幕层　　图5-6 在"节目"监视器输入相应文字

图5-7 在"效果控件"面板中调整字幕参数　　图5-8 在"基本图形"面板中调整字幕对齐方式

5.1.2 旧版字幕设计窗口的布局

在创建了旧版字幕后,还需要进行很多细致的设置操作,才能制作出用户所需的高质量的字幕。

下面就对创建旧版字幕的字幕设计窗口进行具体讲解,从而为用户制作高质量字幕打下坚实的基础。字幕设计窗口包括"字幕"、"字幕工具"、"字幕动作"、"字幕样式"和"旧版标题属性"5个面板,如图5-9所示。

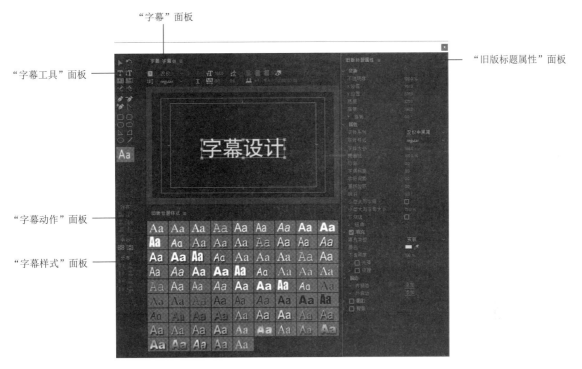

图5-9 字幕设计窗口

1. "字幕"面板

"字幕"面板位于字幕设计窗口的中央,是创建、编辑字幕的主要区域,用户不仅可以在该面板中直观地了解字幕应用于影片后的效果,还可直接对其进行修改。

"字幕"面板分为属性栏和编辑窗口两部分,如图5-10所示。

图5-10 "字幕"面板

属性栏包含了字体、字体样式等字幕对象常见的属性设置项,利用属性栏快速调整字幕对象,从而提高创建及修改字幕时的工作效率。

编辑窗口用于创建和编辑字幕，这里需要注意的是编辑窗口中显示了两个实线框，其中内部实线框是字幕标题安全区，外部实线框是字幕动作安全区。如果文字或图形在动作安全区外，那么他们将不会在某些NTSC制式的显示器或电视中显示出来，即使能在NTSC显示器上显示出来，也会出现模糊或变形。

2．"字幕工具"面板

"字幕工具"面板位于字幕设计窗口的左上方，如图5-11所示。包含了制作和编辑字幕时所要用到的工具。利用这些工具，用户不仅可以在字幕内加入文本，还可绘制简单的几何图形。

- ▶（选择工具）：用于选定窗口中的文字或图像，配合【Shift】键，可以同时选择多个对象。选中的对象四周将会出现控制点。
- ↻（旋转工具）：用于对字幕文本进行旋转。
- T（文字工具）：用于在字幕设计窗口中输入水平方向的文字。
- IT（垂直文字工具）：用于在字幕设计窗口中输入垂直方向的文字。
- ▦（区域文字工具）：用于在字幕设计窗口中输入水平方向的多行文本。
- ▦（垂直区域文字工具）：用于在字幕设计窗口中输入垂直方向的多行文本。
- ✎（路径文字工具）：用于在字幕设计窗口中输入沿路径弯曲且平行于路径的文本。图5-12为使用路径输入工具输入文本的效果。
- ✎（垂直路径文字工具）：用于在字幕设计窗口中输入沿路径弯曲且垂直于路径的文本。
- ✎（钢笔工具）：用于绘制使用 ✎（路径文字输入工具）和 ✎（垂直路径输入工具）输入的文本路径。
- ✎（添加锚点工具）：用于添加在文本路径上的锚点。
- ✎（删除锚点工具）：用于删除在文本路径上的锚点。
- ▶（转换锚点工具）：用于调整文本路径的平滑度。
- ▭（矩形工具）：用于绘制带有填充色和线框色的矩形。配合【Shift】键，可绘制出正方形。
- ▭（圆角矩形工具）：用于绘制带有圆角的矩形，如图5-13所示。

图5-11　"字幕工具"面板　　图5-12　使用"路径输入工具"输入文本的效果　　图5-13　圆角矩形

- ▢（切角矩形工具）：用于绘制带有斜角的矩形，如图5-14所示。
- ▢（圆矩形工具）：用于绘制左右两端是圆弧形的矩形，如图5-15所示。
- ◣（楔形工具）：用于绘制三角形。配合【Shift】键，可绘制出直角三角形。
- ◖（弧形工具）：用于绘制弧形。
- ●（椭圆工具）：用于绘制三角形。配合【Shift】键，可绘制出正圆。
- ╱（直线工具）：用于在字幕窗口中绘制线段。

3．"字幕动作"面板

"字幕动作"面板位于字幕设计窗口的左下方，用于在"字幕"面板的编辑窗口对齐或排列所选对象。"字幕动作"面板中的工具按钮分为"对齐"、"居中"和"分布"3个选项组，如图5-16所示。

图 5-14　切角矩形　　　　　图 5-15　圆矩形　　　　图 5-16　"字幕动作"面板

（1）"对齐"选项组。"对齐"选项组中的按钮只有在选择至少两个对象后才能被激活，它们的含义如下：

- ▤（水平靠左）：用于将所选对象以最左侧对象的左边线为基准进行对齐。
- ▥（垂直靠上）：用于将所选对象以最上方对象的顶边线为基准进行对齐。
- ▣（水平居中）：用于在竖排时，以上面第 1 个对象中心位置对齐；横排时，以选择的对象横向的中间位置集中对齐。
- ▥（垂直居中）：用于在横排时，以左侧第 1 个对象中心位置对齐；竖排时，以选择的对象横向的中间位置集中对齐。
- ▤（水平靠右）：用于将所选对象以最右侧对象的右边线为基准进行对齐。
- ▤（垂直靠下）：用于将所选对象以最下方对象的底边线为基准进行对齐。

（2）"居中"选项组。"居中"选项组中的按钮只有在选择至少一个对象之后才能被激活，它们的含义如下：

- ▣（垂直居中）：用于在水平方向上，与视频画面的垂直中心保持一致。
- ▣（水平居中）：用于在垂直方向上，与视频画面的水平中心保持一致。

（3）"分布"选项组。"分布"选项组中的按钮只有在选择至少 3 个对象后才能被激活，它们的含义如下：

- ▥（水平靠左）：用于以左右两侧对象的左边线为界，使相邻对象左边线的间距保持一致。
- ▤（垂直靠上）：用于以上下两侧对象的顶边线为界，使相邻对象顶边线的间距保持一致。
- ▥（水平居中）：用于以左右两侧对象的垂直中心线为界，使相邻对象中心线的间距保持一致。
- ▤（垂直居中）：用于以上下两侧对象的水平中心线为界，使相邻对象中心线的间距保持一致。
- ▥（水平靠右）：用于以左右两侧对象的右边线为界，使相邻对象右边线的间距保持一致。
- ▤（垂直靠下）：用于以上下两侧对象的底边线为界，使相邻对象底边线的间距保持一致。
- ▥（水平等距间隔）：用于以左右两侧对象为界，使相邻对象的垂直间距保持一致。
- ▤（垂直等距间隔）：用于以上下两侧对象为界，使相邻对象的水平间距保持一致。

4．"旧版字幕样式"面板

"旧版字幕样式"面板位于字幕设计窗口的中下方，如图 5-17 所示。其中存放着 Premiere Pro CC 2018 中 77 种预置字幕样式。利用这些样式，用户可以在创建字幕后，快速获得各种精美的字幕效果。

> **提示**
>
> 字幕样式可应用于所有的字幕对象，包括文本和图形。

5. "字幕属性"面板

"字幕属性"面板位于字幕设计窗口的右侧。在"字幕"面板中选择不同的对象,"字幕属性"面板也有所不同。下面以选择文字后的"字幕属性"面板为例对"字幕属性"面板进行讲解。

选择文字后的"字幕属性"面板如图 5-18 所示,包括"变换"、"属性"、"填充"、"描边"、"阴影"和"背景"6 个参数区域。利用这些参数选项,用户不仅可以对字幕中文字和图形的位置、大小、颜色等基本属性进行调整,还可以为其定制描边与阴影效果。关于"字幕属性"面板中的相关参数的讲解请参见 5.3 节。

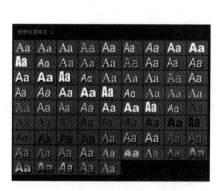

图 5-17 "旧版字幕样式"面板

图 5-18 "字幕属性"面板

5.2 创建文本字幕

文本字幕分为多种类型,除了基本的水平文本字幕和垂直文本字幕外,Premiere Pro CC 2018 还能够创建路径文本字幕。

5.2.1 创建水平文本字幕

水平文本字幕是指沿水平方向进行分布的字幕类型。使用 ■(文字工具)在"字幕"面板的编辑窗口的任意位置单击,即可输入相应文字,从而创建水平文本字幕,如图 5-19 所示。使用 ■(区域输入工具)在"字幕"面板的编辑窗口中绘制文本框后,输入文字,可以创建多行水平文本字幕,如图 5-20 所示。

> **提示**
>
> 在输入文本内容的过程中，按【Enter】键可以使文字内容另起一行。

5.2.2 创建垂直文本字幕

垂直文本字幕的创建方法与水平文本字幕的创建方法类似，只要使用 （垂直文字工具）在"字幕"面板的编辑窗口的任意位置单击，即可输入相应文字，从而创建垂直文本字幕，如图5-21所示。使用 （垂直区域文字工具）在"字幕"面板的编辑窗口中绘制文本框后，输入文字，可以创建多行垂直文本字幕，如图5-22所示。

图5-19　创建水平文本字幕　　图5-20　创建多行水平文本字幕　　图5-21　创建垂直文本字幕　　图5-22　创建多行垂直文本字幕

5.2.3 创建路径文本字幕

与水平文本字幕和垂直文本字幕相比，路径文本字幕的特点是能够通过调整路径形状而改变字幕的整体形态。创建路径文本的具体操作步骤如下：

（1）使用 ✎（路径文字工具）在"字幕"面板的编辑窗口的任意位置单击，从而创建路径的第1个定位点，如图5-23所示。

（2）同理，创建路径的第2个定位点，然后通过调整锚点的控制柄来修改路径的形状，如图5-24所示。

（3）完成路径之后，直接输入文本内容，即可完成路径文本的创建，如图5-25所示。

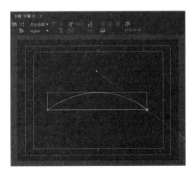

图5-23　创建路径的第1个锚点　　图5-24　修改路径的形状　　图5-25　创建的路径文本

5.3　字幕效果的编辑

在字幕设计窗口中输入文字后，还可以对文字进行变换、填充、描边以及添加阴影等操作，从而使字幕看起来更加美观。在 Premiere Pro CC 2018 中，可以通过设置"字幕属性"面板中的"变换"、"属性"、"填充"、"描边"、"阴影"和"背景"6种参数来编辑文字效果。

1．变换

"变换"区域的参数用于设置选定对象的"不透明度"、"位置"、"宽度"、"高度"和"旋转"属性。
- 不透明度：用于设置对象的透明度。
- X 位置：用于设置对象在 X 轴的坐标。
- Y 位置：用于设置对象在 Y 轴的坐标。
- 宽度：用于设置对象的宽度。
- 高度：用于设置对象的高度。
- 旋转：用于设置对象的旋转角度。

2．属性

"属性"区域的参数用于设置字体、字体大小、字距等属性。
- 字体系列：在该下拉列表中包含了系统中安装的所有字体。
- 字体样式：在该下拉列表中包含了字体一般加粗、倾斜等样式。
- 字体大小：用于设置字体的大小。
- 宽高比：用于设置字体的长宽比。图 5-26 为设置不同"宽高比"数值的效果比较。
- 行距：用于设置行与行之间的距离。图 5-27 为设置不同"行距"数值的效果比较。

图 5-26　设置不同"宽高比"的效果比较

"行距"为100

"行距"为200

图 5-27　设置不同"行距"的效果比较

- 字符间距：用于设置光标位置处前后字符之间的距离，可在光标位置处形成两段有一定距离的字符。图 5-28 所示为设置不同"字符间距"数值的效果比较。

图 5-28　设置不同"字符间距"的效果比较

- 字偶间距：用于设置文字X坐标的基准，可以与字符间距配合使用，输入从右往左的文字。
- 基线位移：用于设置输入文字的基线位置，通过改变该项的数值，可以方便地设置上标和下标。图 5-29 所示为设置不同"基线位移"数值的效果比较。

"基线位移"为0　　　　　　　"基线位移"为-50　　　　　　"基线位移"为50

图 5-29　设置不同"基线位移"数值的效果比较

- 倾斜：用于设置字符是否倾斜。图 5-30 所示为设置不同"倾斜"数值的效果比较。
- 小型大写字母：勾选该复选框后，可以输入大写字母，或者将已有的小写字母改为大写字母。图 5-31 所示为勾选"小型大写字母"复选框前后的效果比较。

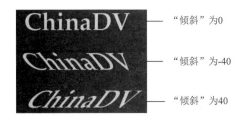

图 5-30　设置不同"倾斜"数值的效果比较　　　　图 5-31　勾选"小型大写字母"复选框前后的效果比较

- 大写字母尺寸：小写字母改为大写字母后，可以利用该项来调整大小。
- 下画线：勾选该项后，可以在文本下方添加下画线。图 5-32 所示为勾选"下画线"复选框前后的效果比较。
- 扭曲：用于对文本进行扭曲设置。通过调节 X 和 Y 轴向的扭曲度，可以产生变化多端的文本形状。图 5-33 所示为设置不同数值的效果比较。

图 5-32　勾选"下画线"复选框前后的效果比较　　　图 5-33　设置不同数值的效果比较

3．填充

"填充"区域，如图 5-34 所示，用于为指定的文本或图形设置填充色。

- 填充类型：在右侧的下拉列表中提供了实底、线性渐变、径向渐变、四色渐变、斜面、消除和重影 7 种填充类型供选择，如图 5-35 所示。

图 5-34　"填充"区域的参数　　　　　　　　　　　图 5-35　填充类型

- 颜色：用于设置填充颜色。
- 不透明度：用于设置填充色的透明度。
- 光泽：勾选该复选框后，可为对象添加一条辉光线。
- 纹理：勾选该复选框后，可为字幕设置纹理效果。

4．描边

"描边"区域，如图5-36所示，用于为对象设置一个描边效果。Premiere Pro CC 2018提供了"内描边"和"外描边"两种描边效果。要应用描边效果首先要单击右侧的"添加"按钮，此时会显示出相关参数，如图5-37所示，然后通过设置相关参数选项完成描边设置。图5-38所示为文字设置"外描边"的描边效果。

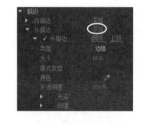

图 5-36 "描边"区域的参数　　图 5-37 单击"添加"按钮　　图 5-38 "外描边"的描边效果

5．阴影

"阴影"区域，如图5-39所示，用于为字幕添加阴影效果。
- 颜色：用于设置阴影的颜色。
- 透明：用于设置阴影颜色的透明度。
- 角度：用于设置阴影的角度。
- 距离：用于设置阴影的距离。
- 大小：用于设置阴影的大小。
- 模糊：用于设置阴影的模糊程度。

图 5-40 所示为文字设置"阴影"参数后的效果。

6．背景

"背景"区域，如图5-41所示，用于为字幕添加背景效果。该区域的参数与前面介绍的"填充"区域相同，这里不再赘述。

图 5-39 "阴影"区域的参数　　图 5-40 为文字设置"阴影"参数后的效果　　图 5-41 "背景"区域的参数

5.4 创建动态字幕

根据素材类型的不同，可以将Premiere中的字幕分为静态字幕和动态字幕两种类型。在此之前创建的字幕都属于静态字幕，即本身不会运动的字幕。而动态字幕则是本身可以运动的字幕类型。动态字幕分为游动字幕和滚动字幕两种类型。

5.4.1 创建游动字幕

游动字幕是指在屏幕上进行水平运动的动态字幕类型，分为从左到右游动和从右往左游动两种方式。其中，从右往左游动是游动字幕的默认设置，电视节目制作时多用于飞播信息。下面制作一个从左往右游动的字幕效果，具体操作步骤如下：

（1）执行"文件|新建|旧版字幕"命令，在弹出的图5-42所示的"新建字幕"对话框中设置字幕素材的属性后，单击"确定"按钮，新建一个字幕文件。

（2）在新建的字幕文件中输入要进行滚动的字幕内容（此时输入的是"新兴产业发展前景"8个字），如图5-43所示。

（3）单击字幕设计窗口中"字幕"面板属性栏中的 （滚动/游动选项）按钮，然后在弹出的"滚动/游动选项"对话框中勾选"开始于屏幕外"和"结束于屏幕外"复选框，如图5-44所示，单击"确定"按钮。

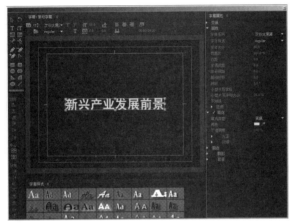

图5-42 "新建字幕"对话框　　图5-43 输入游动字幕的文字　　图5-44 设置游动字幕的参数

（4）从"项目"面板中将制作好的滚动字幕拖入"时间轴"面板中，单击"节目"面板中的 ▶ 按钮，即可看到从左往右游动的字幕效果，如图5-45所示。

图5-45 从左往右游动的字幕效果

5.4.2 创建滚动字幕

滚动字幕的效果是从屏幕下方逐渐向上运动，在影视节目制作中多用于节目末尾演职员表的制作。制作滚动字幕的具体操作步骤如下：

（1）执行"文件|新建|旧版字幕"命令，在弹出的图5-46所示的"新建字幕"对话框中设置字幕素材的属性后，单击"确定"按钮，新建一个字幕文件。

（2）在新建的字幕文件中输入要进行滚动的字幕内容（此时输入的是"友情出演"4个字），如图5-47所示。

（3）单击字幕设计窗口中"字幕"面板属性栏中的 ▦（滚动/游动选项）按钮，然后在弹出的"滚动/游动选项"对话框中勾选"开始于屏幕外"和"结束于屏幕外"复选框，如图5-48所示，单击"确定"按钮。

（4）从"项目"面板中将制作好的滚动字幕拖入"时间轴"面板中，单击"节目"面板中的  按钮，即可看到从小往上滚动的字幕效果，如图5-49所示。

图5-46 "新建字幕"对话框　　图5-47 输入要进行滚动的字幕内容　　图5-48 设置滚动字幕的参数

图5-49 滚动字幕的效果

5.5 实例讲解

本节将通过"制作文字扫光效果"、"制作水波纹文字效果"、"制作遮罩文字效果"、"制作底片效果"、"制作金属文字扫光效果"和"制作文字片头动画效果"6个实例来讲解Premiere Pro CC 2018的字幕在实践中的应用。

● 视 频

5.5.1 制作文字扫光效果

5.5.1 制作文字扫光效果

要点

本例将制作一个文字扫光效果，如图5-50所示。通过本例的学习，读者应掌握在旧版标题中制作线性描边文字和蒙版的应用。

图5-50 文字扫光效果

操作步骤

1. 制作线性描边文字

（1）启动 Premiere Pro CC 2018，执行"文件|新建|项目（快捷键是【Ctrl+Alt+N】）"命令，新建一个名称为"文字扫光效果"的项目文件。接着新建一个预设为"ARRI 1080p 25"的"序列01"序列文件。

（2）执行"文件|新建|旧版标题"命令，然后在弹出的"新建字幕"对话框中保持默认参数，如图5-51所示，单击"确定"按钮，进入"字幕01"的字幕设计窗口，如图5-52所示。

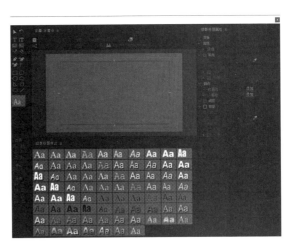

图 5-51 "新建字幕"对话框　　　　图 5-52 进入"字幕01"的字幕设计窗口

（3）选择"字幕工具"面板中的 T（文字工具），然后在"字幕面板"编辑窗口单击输入文字"Premiere CC 2018"，接着在"旧版标题样式"面板中选择 Aa（Impact Regular White Outline）样式，再在右侧"旧版标题属性"面板中设置"字体大小"为160.0，最后单击 ▥（垂直居中对齐）和 ▤（水平居中对齐）按钮，将文本居中对齐，如图5-53所示。

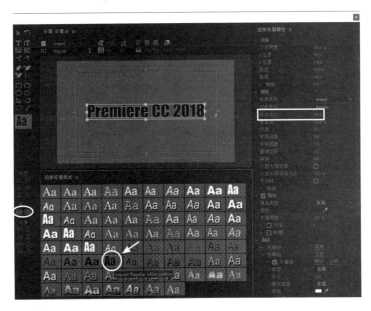

图 5-53 进入"字幕01"的字幕设计窗口

(4) 在"旧版标题属性"面板中取消勾选"填充"复选框,然后将"外描边"的"填充类型"设置为"线性渐变","大小"设置为20.0,再将左侧色块颜色设置为一种浅灰色(RGB的数值为(220,220,220)),右侧色块颜色设置为一种深灰色(RGB的数值为(70,70,70)),如图5-54所示。

图 5-54 进入"字幕01"的字幕设计窗口

(5) 单击字幕设计窗口右上角的 ⊠ 按钮,关闭字幕设计窗口。然后将"项目"面板中的"字幕01"拖入"时间轴"面板的V1轨道,入点为00:00:00:00,再将"字幕01"的"持续时间"设置为00:00:03:00。接着按住【\】键,将其在时间轴中最大化显示,如图5-55所示。

图 5-55 将"字幕01"拖入"时间轴"面板,并最大化显示

2. 制作文字扫光效果

(1) 按住【Alt】键,将V1轨道上的"字幕01"复制到V2轨道,如图5-56所示。

图 5-56 将V1轨道上的"字幕01"复制到V2轨道

(2) 双击V2轨道上的"字幕01 复制01",然后在弹出的字幕设计窗口中将"外描边"的"填

充类型"设置为"实底",如图 5-57 所示。接着单击字幕设计窗口右上角的 ■ 按钮,关闭字幕设计窗口。

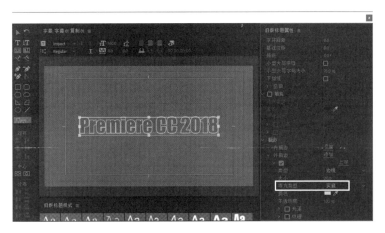

图 5-57 将"外描边"的"填充类型"设置为"实底"

(3)选择 V2 轨道上的"字幕 01 复制 01"素材,然后在"效果控件"面板中选择"不透明度"下的 ■ (创建椭圆形蒙版)工具,如图 5-58 所示,此时"节目"监视器中会显示出一个椭圆形蒙版,如图 5-59 所示。接着调整椭圆形蒙版的位置和大小,如图 5-60 所示。最后将时间定位在 00:00:00:00 的位置,单击"蒙版路径"前面的 ■ 按钮,切换为 ■ 状态,从而记录一个关键帧,如图 5-61 所示。

图 5-58 选择 ■ (创建椭圆形蒙版)工具

图 5-59 椭圆形蒙版

图 5-60 调整椭圆形蒙版的位置和大小

图 5-61 在 00:00:00:00 的位置记录"蒙版路径"关键帧

（4）将时间定位在00:00:02:24的位置，然后将椭圆形蒙版移动到文字右侧，如图5-62所示。

（5）按空格键进行预览，就可以看到文字的扫光效果了。

（6）至此，整个文字扫光效果制作完毕。执行"文件|项目管理"命令，将文件打包。然后执行"文件|导出|媒体"（快捷键【Ctrl+M】）命令，将其输出为"文字扫光效果.mp4"文件。

图5-62 在00:00:02:24的位置将椭圆形蒙版移动到文字右侧

5.5.2 制作水波纹文字效果

5.5.2 制作水波纹文字效果

 要点

本例将制作影视广告中经常见到的动态水波纹文字效果，如图5-63所示。通过本例的学习，读者应掌握利用 ■（文字工具）创建文字和"紊乱置换"视频特效的应用。

图5-63 水波纹文字效果

操作步骤

1. 制作文字

（1）启动Premiere Pro CC 2018，执行"文件|新建|项目（快捷键是【Ctrl+Alt+N】）命令，新建一个名称为"水波纹文字"的项目文件。接着新建一个预设为"ARRI 1080p 25"的"序列01"序列文件。

（2）选择工具箱中的 ■（文字工具），然后在"节目"监视器中单击输入文字"Premiere CC 2018"，如图5-64所示。接着切换到"图形"界面，再在"基本图形"面板的"编辑"选项卡中将"字体"设置为Impact，"字体大小"设置为150.0，最后单击 ■（垂直居中对齐）和 ■（水平居中对齐）按钮，将文本居中对齐，如图5-65所示，效果如图5-66所示。

（3）此时"时间轴"面板V1轨道上会自动产生一个文字素材，右击V1轨道上的文字素材，从弹出的快捷菜单中选择"速度/持续时间"命令，然后在弹出的"剪辑速度/持续时间"对话框中将"持续时间"设置为00:00:03:00（也就是3秒），如图5-67所示，单击"确定"按钮。接着按住【\】键，将其在时间轴中最大化显示，如图5-68所示。

2. 制作动态水波纹文字效果

（1）切换到原来的界面，然后在"效果"面板搜索栏中输入"紊乱置换"，如图5-69所示。然后分别将"紊乱置换"视频特效拖到V1轨道上的素材，此时"节目"监视器的显示效果如图5-70所示。

（2）此时水波纹文字是静止的，而我们需要的是动态的水波纹文字。下面选择V1轨道上的文字素材，然后将时间定位在00:00:00:00的位置，在"效果控件"面板的"紊乱置换"特效中记录"数量"、"大小"和"演化"的关键帧，如图5-71所示。接着将时间定位在00:00:00:15的位置，将"紊乱置换"特效的"数量"的数值设置为0.0，并将第0帧的"大小"关键帧移动到00:00:00:15的位置，如图 5-72 所示,此时"节目"监视器的显示效果如图 5-73 所示。

图 5-64 输入文字"Premiere CC 2018"

图 5-65 设置文字属性

图 5-66 设置文字属性后的效果

图 5-67 将"持续时间"设置为 00:00:03:00

图 5-68 "时间轴"面板

图 5-69 输入"紊乱置换"

图 5-70 "节目"监视器的显示效果

图 5-71 在 00:00:00:00 的位置记录"数量"、"大小"和"演化"的关键帧

图 5-72 在 00:00:00:15 的位置设置"紊乱置换"特效的关键帧参数

图 5-73 "节目"监视器的显示效果

（3）同理，将时间定位在00:00:01:15的位置，将"紊乱置换"特效的"数量"的数值设置为50.0，如图5-74所示，此时"节目"监视器的显示效果如图5-75所示。

图5-74 将"数量"的数值设置为50.0

图5-75 "节目"监视器的显示效果

（4）同理，将时间定位在00:00:02:10的位置，记录一个"紊乱置换"特效的"数量"关键帧。然后将"大小"数值设置为25.0，如图5-76所示，此时"节目"监视器的显示效果如图5-77所示。

图5-76 在00:00:02:10的位置设置"紊乱置换"特效的关键帧参数

图5-77 "节目"监视器的显示效果

（5）同理，将时间定位在00:00:02:20的位置，将"紊乱置换"特效的"数量"的数值设置为0.0，然后将"演化"的数值设置为65.0，如图5-78所示，此时"节目"监视器的显示效果如图5-79所示。

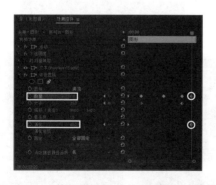

图5-78 在00:00:02:20的位置设置"紊乱置换"特效的关键帧参数

图5-79 "节目"监视器的显示效果

（6）按空格键预览，就可以看到动态的水波纹文字效果了。

（7）至此，整个水波纹文字效果制作完毕。执行"文件|项目管理"命令，将文件打包。然后执行"文件|导出|媒体"命令，将其输出为"水波纹文字效果.mp4"文件。

5.5.3 制作遮罩文字效果

5.5.3 制作遮罩文字效果

要点

本例将制作一个在文字的不同区域显示不同视频的遮罩文字效果，如图5-80所示。通过本例的学习，读者应掌握利用 T（文字工具）创建文字和"轨道遮罩键"视频特效的应用。

图 5-80 遮罩文字效果

操作步骤

1. 制作文字

（1）启动 Premiere Pro CC 2018，执行"文件|新建|项目（快捷键是【Ctrl+Alt+N】）"命令，新建一个名称为"遮罩文字"的项目文件。接着新建一个预设为"ARRI 1080p 25"的"序列01"序列文件。

（2）导入素材。执行"文件|导入"命令，导入资源素材中的"素材及结果\5.5.3 制作遮罩文字效果\素材1.mp4～素材3.mp4"文件，然后在"项目"面板下方单击 （图标视图）按钮，将素材以图标视图的方式进行显示，如图5-81所示。

（3）将"项目"面板中的"素材1.mp4～素材3.mp4"分别拖入"时间轴"面板的V1～V3轨道，入点均为00:00:00:00。然后按住【\】键，将其在时间轴中最大化显示，如图5-82所示。

图 5-81 导入素材

图 5-82 将素材在时间轴中最大化显示

（4）选择工具箱中的 T（文字工具），然后在"节目"监视器中单击输入文字"Premiere CC 2018"，接着切换到"图形"界面，再在"基本图形"面板的"编辑"选项卡中将"字体"设置为Impact，"字体大小"设置为200.0，最后单击 （垂直居中对齐）和 （水平居中对齐）按钮，将文本居中对齐，如图5-83所示，效果如图5-84所示，此时"时间轴"面板会自动产生一个V4轨道来放置文字素材，如图5-85所示。

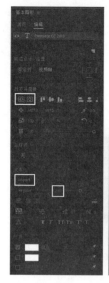

图 5-83　设置文字属性　　图 5-84　设置文字属性后的效果　　图 5-85　自动产生一个 V4 轨道来放置文字素材

2．制作文字遮罩效果

（1）在"效果"面板搜索栏中输入"轨道遮罩键",如图 5-86 所示。然后分别将"轨道遮罩键"视频特效拖给 V1～V3 轨道上的素材。

（2）选择 V1 轨道上的"素材 1.mp4",然后在"效果控件"面板的"轨道遮罩键"特效中将"遮罩"设置为"视频 4",如图 5-87 所示。

（3）同理,分别选择 V2 和 V3 轨道上的"素材 2.mp4"和"素材 3.mp4",然后在"效果控件"面板的"轨道遮罩键"特效中将它们的"遮罩"也设置为"视频 4"。此时"节目"监视器的显示效果如图 5-88 所示。

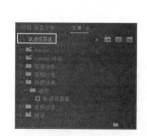

图 5-86　输入"轨道遮罩键"　　图 5-87　将"遮罩"设置为"视频 4"　　图 5-88　"节目"监视器的显示效果

（4）此时文字内部只显示了 V3 轨道上的"素材 3.mp4",下面制作在文字的不同区域显示不同视频素材的效果。在"效果"面板搜索栏中输入"裁剪",如图 5-89 所示。然后分别将"轨道遮罩键"视频特效拖给 V2 和 V3 轨道上的素材。为了便于观看效果,隐藏 V1 和 V2 轨道的显示,如图 5-90 所示。再选择 V3 轨道上的"素材 3.mp4",在"效果控件"面板的"裁剪"特效中将"左侧"的数值设置为 54.0%,右侧的数值设置为 34.0%,如图 5-91 所示,此时"节目"监视器的显示效果如图 5-92 所示。

(5)恢复V2轨道的显示,然后选择V2轨道上的"素材2.mp4",如图5-93所示,接着在"效果控件"面板的"裁剪"特效中将"左侧"的数值设置为67.0%,如图5-94所示,此时"节目"监视器的显示效果如图5-95所示。

(6)恢复V1轨道的显示,如图5-96所示。然后按空格键进行预览,就可以看到在文字的不同区域显示不同视频素材的效果了,如图5-97所示。

图5-89 输入"裁剪"   图5-90 隐藏V1和V2轨道的显示   图5-91 设置"裁剪"参数

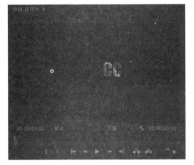  

图5-92 设置"裁剪"参数后的效果   图5-93 恢复V2轨道的显示,并选择V2轨道上的"素材2.mp4"   图5-94 设置"裁剪"参数

图5-95 设置"裁剪"参数后的效果   图5-96 恢复V1轨道的显示

图5-97 遮罩文字效果

(7)至此,整个遮罩文字效果制作完毕。执行"文件|项目管理"命令,将文件打包。然后执行"文件|导出|媒体"命令,将其输出为"遮罩文字效果.mp4"文件。

● 视 频

5.5.4 制作底片效果

5.5.4 制作底片效果

要点

本例将制作在相机按下快门的一瞬间所产生的底片效果,如图5-98所示。通过本例的学习,读者应掌握设置素材持续时间、利用旧版字幕制作取景框,以及"闪光灯"和"反转"视频特效的综合应用。

   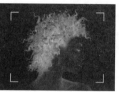

图 5-98 底片效果

操作步骤

1. 将素材放入时间轴

(1)启动 Premiere Pro CC 2018,执行"文件|新建|项目(快捷键是【Ctrl+Alt+N】)"命令,新建一个名称为"底片效果"的项目文件。接着新建一个 DV-PAL 制标准 48kHz 的"序列 01"序列文件。

(2)导入素材。执行"文件|导入"命令,导入资源素材中的"素材及结果\5.5.4制作底片效果\001.jpg"、"002.jpg"和"声音.mp3"文件,接着在"项目"面板下方单击 (图标视图)按钮,将素材以图标视图的方式进行显示,此时"项目"面板如图5-99所示。

(3)将"项目"面板中的"001.jpg"素材拖入"时间轴"面板的V1轨道中,入点为00:00:00:00。

(4)修改"001.jpg"素材的持续时间。选择"时间轴"面板中的"001.jpg"素材,右击该素材,从弹出的快捷菜单中选择"速度/持续时间"命令,接着在弹出的"剪辑速度/持续时间"对话框中设置"持续时间"为00:00:02:00,如图5-100所示,单击"确定"按钮,此时"时间轴"面板如图5-101所示。

图 5-99 "项目"面板   图 5-100 将"001.jpg"的   图 5-101 "时间轴"面板
                      "持续时间"设置为00:00:02:00

(5) 同理，将"项目"面板中的"002.jpg"素材拖入"时间轴"面板的 V1 轨道中，使"001.jpg"和"002.jpg"素材首尾相接。然后将"002.jpg"素材的"持续时间"也设置为00:00:02:00，此时"时间轴"面板分布如图 5-102 所示。

图 5-102 "时间轴"面板

2．创建取景框

(1) 新建"取景框"字幕。执行"文件|新建|旧版标题"命令，然后在弹出的"新建字幕"对话框中设置参数如图 5-103 所示，单击"确定"按钮，进入"取景框"字幕的设计窗口，如图 5-104 所示。

图 5-103 "新建字幕"对话框　　　　图 5-104 "取景框"字幕的设计窗口

(2) 隐藏字幕背景。在"取景框"字幕的设计窗口中单击"字幕"面板属性栏中的 ■（显示背景视频）按钮，隐藏字幕背景，效果如图 5-105 所示。

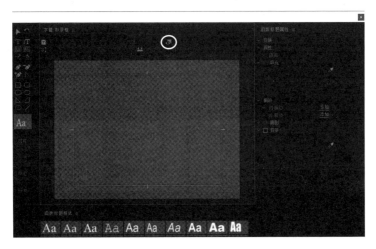

图 5-105 隐藏字幕背景后的效果

(3) 绘制取景框。选择"字幕工具"面板中的 ■（直线工具），然后在"字幕"面板编辑窗口中绘制线段，并将线段的"宽度"设置为50.0，如图5-106所示。

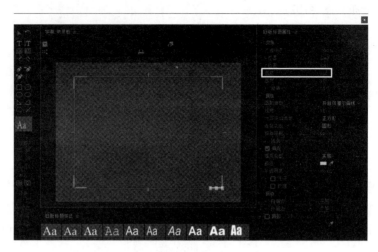

图 5-106　绘制取景框

(4) 单击字幕设计窗口右上角的 ■ 按钮，关闭字幕设计窗口，此时创建的"取景框"字幕会自动添加到"项目"面板中，如图5-107所示。然后从"项目"面板中将"取景框"字幕拖入"时间轴"面板的V3轨道中，入点为00:00:00:00，此时"节目"监视器的显示效果如图5-108所示。接着将V3轨道上的"取景框"的长度设置为与V1轨道上的素材等长，如图5-109所示。

图 5-107　"项目"面板　　图 5-108　"节目"监视器的显示效果　　图 5-109　将V3轨道上的"取景框"的长度设置为与V1轨道上的素材等长

(5) 制作取景框的闪光效果。在"效果"面板搜索栏中输入"闪光灯"，如图5-110所示。然后将"闪光灯"视频特效拖到"时间轴"面板V3轨道中的"取景框"素材上。接着在"效果控件"面板中将"闪光灯"特效的"闪光色"设置为黑色，如图5-111所示。此时再拖动时间滑块，即可看到取景框的黑白闪光效果了，如图5-112所示。

3．制作底片效果

(1) 制作"001.jpg"素材的底片效果。从"项目"面板中将"001.jpg"素材拖入"时间轴"面板的V2轨道中，入点为00:00:00:20，如图5-113所示。然后右击该素材，从弹出的快捷菜单中选择"速度/持续时间"命令，接着在弹出的"剪辑速度/持续时间"对话框中将"持续时间"设置为00:00:00:04，如图5-114所示，单击"确定"按钮，此时"时间轴"面板分布如图5-115所示。

 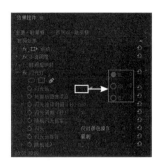

图 5-110　选择"闪光灯"特效　　　　　　　图 5-111　将"闪光色"设置为黑色

图 5-112　取景框的黑白闪光效果

图 5-113　将"001.jpg"素材拖入"时间轴"面板的 V2 轨道中，入点为 00:00:00:20　　图 5-114　将"持续时间"设置为 00:00:00:04

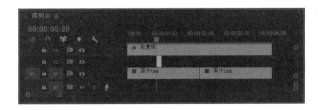

图 5-115　"时间轴"面板分布

（2）制作"002.jpg"素材的底片效果。从"项目"面板中将"002.jpg"素材拖入"时间轴"面板的 V2 轨道中，入点为 00:00:02:20。然后将该素材的"持续时间"也设置为 00:00:00:04，此时"时间轴"面板分布如图 5-116 所示。

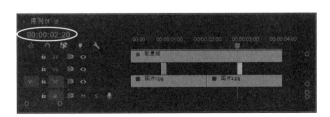

图 5-116　"时间轴"面板分布

（3）制作底片效果。在"效果"面板搜索栏中输入"反转"，如图 5-117 所示。然后将"反转"视频特效拖到"时间轴"面板中的 V2 轨道上的"001.jpg"素材上，效果如图 5-118 所示。

图 5-117　选择"反转"特效

图 5-118　"反转"效果

（4）同理，"反转"视频特效拖到"时间轴"面板中的 V2 轨道上的"002.jpg"素材上。

（5）添加快门声音。将"项目"面板中的"声音.mp3"拖到"时间轴"面板的 A1 轨道，入点为 00:00:00:20，如图 5-119 所示。接着按住【Alt】键，将 A1 轨道上的"声音.mp3"向后复制，入点为 00:00:02:20，如图 5-120 所示。

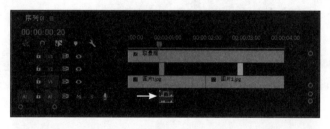
图 5-119　将"声音.mp3"拖到 A1 轨道，入点为 00:00:00:20

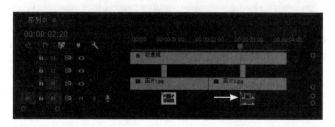
图 5-120　将 A1 轨道上的"声音.mp3"向后复制，入点为 00:00:02:20

（6）按空格键进行预览。

（7）至此，底片效果制作完毕。执行"文件|项目管理"命令，将文件打包。然后执行"文件|导出|媒体"（快捷键【Ctrl+M】）命令，将其输出为"底片效果.mp4"文件。

5.5.5　制作金属扫光文字效果

5.5.5　制作金属扫光文字效果

要点

本例将制作影视中常见的扫光效果，如图 5-121 所示。通过本例的学习，应掌握利用外部 Shine 插件制作扫光效果的方法。

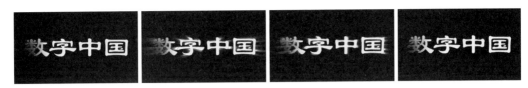

图 5-121　金属扫光文字效果

操作步骤

（1）启动 Premiere Pro CC 2018，执行"文件|新建|项目（快捷键是【Ctrl+Alt+N】）"命令，新建一个名称为"金属扫光文字效果"的项目文件。接着新建一个预设为"ARRI 1080p 25"的"序列01"序列文件。

（2）导入素材。执行"文件|导入"命令，导入资源素材中的"素材及结果\5.5.5 制作金属扫光文字效果\金属文字.tga"文件。

（3）将"项目"面板中的"金属文字.tga"拖入"时间轴"面板的V1轨道中，入点为00:00:00:00。

（4）设置"金属文字.tga"图片素材的持续时间长度为5秒。右击V1轨道上的"金属文字.tga"素材，从弹出的快捷菜单中选择"速度/持续时间"命令，接着在弹出的"剪辑速度/持续时间"对话框中设置"持续时间"为00:00:05:00，如图5-122所示，单击"确定"按钮。接着按住【\】键，将其在时间轴中最大化显示，如图5-123所示。此时"节目"监视器中的显示效果，如图5-124所示。

图 5-122　将"持续时　　　图 5-123　将素材在时间轴中最大化显示　　　图 5-124　"节目"监视器中的显示效果
间"设置为 5 秒

（5）给V1轨道中的"金属文字.tga"素材添加Shine特效。在"效果"面板中展开"视频特效"文件夹，然后选择"RG Trapcode"中的"Shine"特效，如图5-125所示。接着将其拖入"时间线"面板V1轨道中的"金属文字.tga"素材上。

（6）制作从左边开始扫光的效果。选择V1轨道中的"金属文字.tga"素材，然后将时间滑块移动到00:00:00:00的位置，在"效果控件"面板的Shine特效中将"Boost Light"的数值设置为5.0，再单击"Source Point"前的 按钮，在此处添加关键帧，接着将"Source Point"的数值设置为（3000.0，288.0），如图5-126所示。

（7）制作扫光到文字中央的效果。将时间滑块移动到00:00:03:00的位置，然后在"效果控件"面板中单击"Ray Length"前的 按钮，在此处添加关键帧，并将"Ray Length"的数值设置为4.0。接着将"Source Point"的数值设置为（360.0，288.0），如图5-127所示。

（8）制作扫光最后消失的效果。将时间滑块移动到00:00:04:00的位置，将"Ray Length"的数值设为0.0，如图5-128所示。

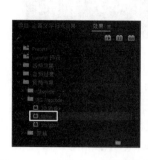 

图 5-125　选择"Shine"特效　　图 5-126　在 00:00:00:00 的位置添加"Source Point"的关键帧

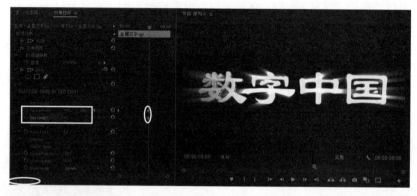

图 5-127　在 00:00:03:00 的位置设置"Source　Point"和"Ray Length"关键帧参数

图 5-128　在 00:00:04:00 的位置将"Ray Length"的数值设置为 0.0

（9）此时按【Enter】键，渲染动画，会发现整个金属扫光过程是匀速的，缺少震撼感，下面在"效果控件"面板 Shine 特效中框选"Source Point"的两个关键帧，右击，从弹出的快捷菜单中选择"临时插值|贝塞尔曲线"命令，接着展开"Source Point"参数，调整曲线形状，如图 5-129 所示，使之形成中间高的效果（中间高表示中间速度会加快）。最后将"Ray Length"的第一个关键帧设置为"缓出"，第二个关键帧设置为"缓入"，如图 5-130 所示。最后按【Enter】键，渲染动画，当渲染完成后就可以看到金属扫光过程由慢变快再变慢的效果了。

（10）此时在 00:00:04:00 的位置，由于光线过强，文字是白色而不是黄色的，下面就来解决这个问题，使文字和光线的色彩自然融合。从"项目"面板中将"文字.tga"素材拖入"时间轴线"面板的 V2 轨道中，入点为 00:00:00:00，如图 5-131 所示，然后选择 V2 轨道中的"文字.tga"素材，进入

"效果控件"面板，将"不透明度"中的"混合模式"设置为"相乘"即可，如图5-132所示。

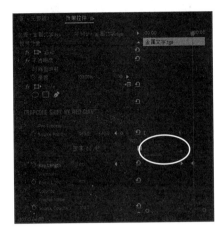

图 5-129 调整"Source Point"曲线形状

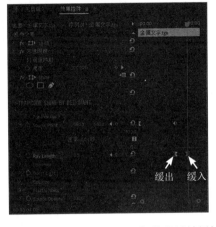

图 5-130 设置"Ray Length"的关键帧属性

图 5-131 将"文字.tga"素材拖入"时间轴线"面板的 V2 轨道中，入点为 00:00:00:00

图 5-132 将"混合模式"设置为"相乘"的效果

（11）此时"时间轴"面板的上方会出现一条红线，表示如果这时候按空格键预览，会出现明显的卡顿。为了看到实时预览效果，执行"序列|渲染入点到出点的效果"（快捷键是【Enter】键）命令，当渲染完成后就可以看到实时播放效果了。

（12）至此，整个金属文字扫光效果制作完毕。执行"文件|项目管理"命令，将文件打包。然后执行"文件|导出|媒体"命令，将其输出为"金属文字扫光.mp4"文件。

5.5.6 制作文字片头动画

要点

本例将制作一个逐渐出现然后停留1秒后再逐渐消失的文字片头动画，如图5-133所示。通过本例的学习，读者应掌握利用 T（文字工具）创建文字，创建蒙版，调整关键帧曲线，"径向擦除"和"裁剪"视频特效的应用。

5.5.6 制作文字片头动画

图 5-133 文字片头动画

图 5-133 文字片头动画（续）

操作步骤

1. 制作文字片头逐渐显示的效果

（1）启动 Premiere Pro CC 2018，执行"文件|新建|项目（快捷键是【Ctrl+Alt+N】）命令，新建一个名称为"文字片头动画"的项目文件。接着新建一个预设为"ARRI 1080p 25"的"序列01"序列文件。

（2）将素材默认持续时间设置为5秒。执行"编辑|首选项|时间轴"命令，在弹出的"首选项"对话框的右侧将"静止图像默认持续时间"设置为5秒，如图5-134所示，单击"确定"按钮。

（3）选择工具箱中的 ■（文字工具），然后在"节目"监视器中单击输入文字"Premiere Pro CC"，接着利用 ■（选择工具）选取文字，在"基本图形"面板的"编辑"选项卡中将"字体"设置为Impact，"字体大小"设置为170.0，最后单击 ■（垂直居中对齐）和 ■（水平居中对齐）按钮，如图5-135所示，将文字居中对齐，效果如图5-136所示。

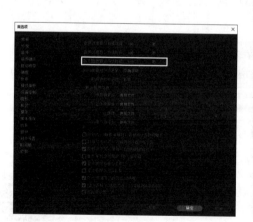

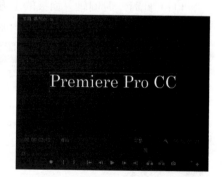

图 5-134 将"静止图像默认"设置持续时间为 5 秒　　图 5-135 设置文字属性　　图 5-136 设置文字属性后的效果

（4）将字母"Pro CC"的颜色设置为灰色。利用工具箱中的 ■（文字工具）框选字母"Pro CC"，如图5-137所示。然后将其填充色设置为灰色（RGB的数值为（50，50，50）），如图5-138所示，效果如图5-139所示。

（5）创建白色线框。在"时间轴"面板空白处单击，取消文字选择状态。然后在"基本图形"面板的"编辑"选项卡中单击 ■（新建图层）按钮，从弹出的下拉菜单中选择"矩形"，如图5-140所示。接着取消勾选"填充"复选框，勾选"描边"复选框，并将描边宽度设置为10.0，最后单

击 ■（垂直居中对齐）和 ■（水平居中对齐）按钮，如图 5-141 所示，将矩形居中对齐，效果如图 5-142 所示。

图 5-137　框选字母"Pro CC"　　图 5-138　将填充色设置为灰色　　图 5-139　将字母"Pro CC"设置
　　　　　　　　　　　　　　　　　　（RGB 的数值为（50，50，50））　　　　　　为灰色的效果

提示

如果不取消文字选择状态，直接创建矩形，则文字和矩形会处于一个轨道。而我们需要的是文字和矩形分布处于不同的轨道，所以需要先取消文字选择状态，然后再创建矩形。

图 5-140　选择"矩形"　　　　图 5-141　设置"矩形"参数　　　图 5-142　设置"矩形"参数后的效果

（6）在"节目"监视器中调整矩形的大小，使文字位于矩形的中央位置，如图 5-143 所示。

（7）创建白色矩形。在"时间轴"面板空白处单击，取消文字选择状态。然后在"基本图形"面板的"编辑"选项卡中单击 ■（新建图层）按钮，从弹出的下拉菜单中选择"矩形"。接着取消勾选"描边"复选框,勾选"填充"复选框,并将矩形填充色设置为白色,如图5-144所示。最后在"节目"监视器中将矩形移动到字母"Pro CC"的位置,如图5-145所示,此时"时间轴"面板如图5-146所示。

(8)在"时间轴"面板中调整素材的位置,将文字放置到V3轨道,白色矩形放置到V2轨道,白色线框放置到V1轨道,如图5-147所示。

图5-143 调整矩形的大小,使文字位于矩形的中央位置

图5-144 设置"矩形"参数

图5-145 将矩形移动到字母"Pro CC"的位置

图5-146 "时间轴"面板

图5-147 调整素材的顺序

(9)制作白色线框的显现动画。为了便于观看,下面暂时隐藏V2和V3轨道的显示,如图5-148所示。然后在"效果"面板的搜索栏中输入"径向擦除",如图5-149所示。再将"径向擦除"视频效果拖给"时间轴"面板V1轨道上的白色线框。接着在"效果控件"面板中将时间定位在00:00:00:00的位置,将"径向擦除"特效中的"过渡完成"的数值设置为100.0%,并记录一个"过渡完成"的关键帧,如图5-150所示。再将时间定位在00:00:02:00的位置,将"过渡完成"的数值设置为0.0%,如图5-151所示。

图5-148 隐藏V2和V3轨道的显示

图5-149 输入"径向擦除"

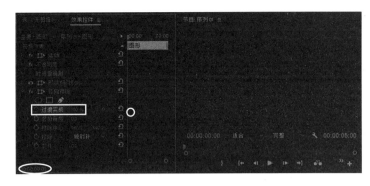

图 5-150　在 00:00:00:00 的位置，将"径向擦除"特效中的"过渡完成"的数值设置为 100%，并记录一个"过渡完成"的关键帧

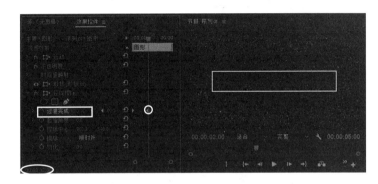

图 5-151　在 00:00:02:00 的位置，将"径向擦除"特效中的"过渡完成"的数值设置为 0%

（10）按空格键进行预览，效果如图 5-152 所示。

图 5-152　预览效果

（11）制作白色线框从左下角开始逐渐显现的效果。在"效果控件"面板的"径向擦除"特效中将"起始角度"的数值设置为 -99.0°，如图 5-153 所示。然后按空格键进行预览，就可以看到白色线框从左下角开始逐渐显现的效果了，如图 5-154 所示。

（12）此时白色线框运动过程有些生硬，下面在"效果控件"面板的"径向擦除"特效中右击"过渡完成"的第 1 个关键帧，从弹出的快捷菜单中选择"缓出"命令。接着右击"过渡完成"的第 2 个关键帧，从弹出的快捷菜单中选择"缓入"命令。最后按空格键进行预览，此时白色线框的运动过程就平滑了。

（13）制作文字由大变小的动画。恢复 V3 轨道的显示，然后将时间定位在 00:00:00:03 的位置（也就是白色线框开始出现的位置），将 V3 轨道的文字素材整体往后移动，使之入点为 00:00:00:03，如图 5-155 所示。接着将时间定位在 00:00:00:03 的位置，在"效果控件"面板中将"缩放"的数值设置为 130.0，并记录一个"缩放"关

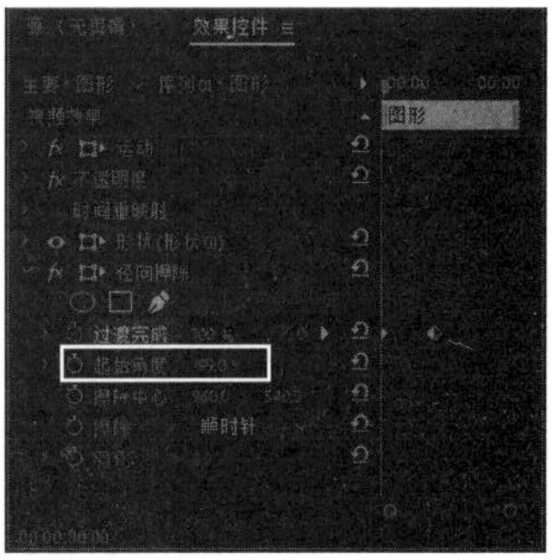

图 5-153　将"起始角度"的数值设置为 -99.0°

键帧，如图 5-156 所示。再将时间定位在 00:00:02:00 的位置，将"缩放"的数值设置为 100.0，如图 5-157 所示。

图 5-154　白色线框从左下角开始逐渐显现的效果

图 5-155　将 V3 轨道的文字素材入点设置为 00:00:00:03

图 5-156　在 00:00:00:03 的位置将"缩放"的数值设置为 130.0，并记录一个关键帧

图 5-157　在 00:00:02:00 的位置将"缩放"的数值设置为 100.0，并记录一个关键帧

（14）按空格键进行预览，就可以看到文字由大变小的效果了，如图 5-158 所示。

图 5-158　文字由大变小的效果

(15) 此时文字缩放动画是匀速的，下面制作文字缩放过程由快到慢再到快的效果。在"效果控件"面板中将第1个"缩放"关键帧设置为"缓出"，第2个"缩放"关键帧设置为"缓入"，然后展开"缩放"参数，调整曲线形状，形成中间低两端高的效果（中间低表示中间速度减慢），如图5-159所示。此时按空格键进行预览，就可以看到文字缩放过程由快到慢再到快的效果了。

(16) 制作文字从左往右逐渐显现的效果。在"效果"面板的搜索栏中输入"裁剪"，如图5-160所示。然后将时间定位在00:00:00:03的位置（也就是白色线框开始出现的位置），在"效果控件"面板的"裁剪"特效中将"右侧"的数值设置为100.0%，并记录一个"右侧"关键帧，如图5-161所示。接着将时间定位在00:00:02:00的位置，将"右侧"的数值设置为0.0%，如图5-162所示。

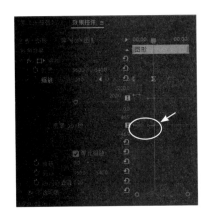

图5-159 调整曲线形状，形成中间低两端高的效果

图5-160 输入"裁剪"

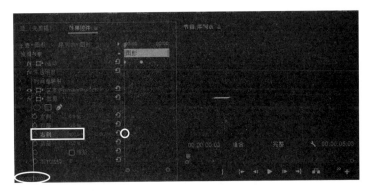

图5-161 在00:00:00:03的位置将"右侧"的数值设置为100.0%，并记录一个"右侧"关键帧

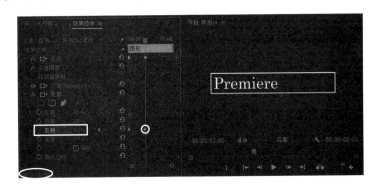

图5-162 在00:00:02:00的位置，将"右侧"的数值设置为0.0%

(17) 按空格键进行预览，效果如图5-163所示。

图 5-163　预览效果

（18）此时文字显现效果很生硬，下面在"效果控件"面板的"裁剪"特效中将"羽化边缘"的数值设置为100.0，如图5-164所示。然后按空格键预览，此时文字显现效果就很自然了，如图5-165所示。

图 5-164　将"羽化边缘"的数值设置为 100.0

图 5-165　预览效果

（19）为了使文字显现动画更加平滑，下面在"效果控件"面板中将"裁剪"特效的"右侧"第一个关键帧设置为"缓出"，将"右侧"第一个关键帧设置为"缓入"。

（20）制作白色矩形从右往左运动到字母"Pro CC"位置的效果。恢复V2轨道的显示，然后将时间定位在00:00:01:09的位置（也就是字母"Pro CC"开始出现的位置），接着将V2轨道上的白色矩形整体往后移动，使之入点为00:00:01:09，如图5-166所示，此时画面效果如图5-167所示。

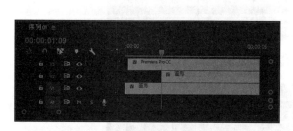

图 5-166　将 V2 轨道上白色矩形的入点设置为 00:00:01:09

图 5-167　画面效果

（21）将时间定位在00:00:02:00的位置，然后在"效果控件"面板的"变换"中记录一个"位置"关键帧，如图5-168所示。接着将时间定位在00:00:01:09的位置，将"位置"的水平数值设置为1750.0，使白色矩形向右移出白色线框，如图5-169所示。

（22）按空格键预览，此时就可以看到白色矩形从右往左运动到字母"Pro CC"位置的效果了，如图5-170所示。

（23）制作白色矩形只显示在字母"Pro CC"位置的效果。在"效果控件"面板的"不透明度"中单击■（创建4点多边形蒙版）工具，如图5-171所示，此时"节目"监视器中会显示出一个矩形蒙版，如图5-172所示。接着将其移动到字母"Por CC"的位置，并调整蒙版的形状，使之能够完全遮挡住字母"Pro CC"，如图5-173所示。此时按空格键预览，就可以看到白色矩形只显示在字母"Pro CC"位置的效果了，如图5-174所示。

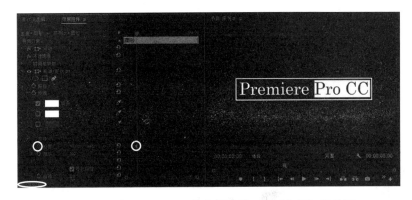

图 5-168　在 00:00:02:00 的位置记录一个"位置"关键帧

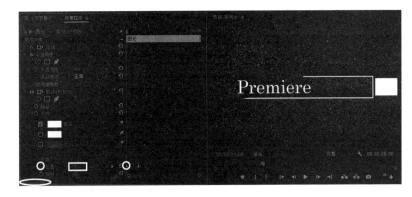

图 5-169　在 00:00:01:09 的位置将"位置"的水平数值设置为 1750.0

图 5-170　预览效果

图 5-171　单击■（创建 4 点多边形蒙版）工具

图 5-172　创建的蒙版

图 5-173 调整蒙版的位置和形状，使之能够完全遮挡住字母"Pro CC"

图 5-174 预览效果

（24）制作白色矩形从右往左运动过程由快变慢再变快的效果。在"效果控件"面板中框选"变换"下"位置"的两个关键帧，从弹出的快捷菜单中选择"临时插值|贝塞尔曲线"命令，接着展开"位置"参数，调整曲线形状，如图 5-175 所示，使之形成中间高的效果（中间高表示中间速度会加快）。

2．制作文字片头逐渐消失的效果

（1）制作白色矩形从左往右逐渐消失的效果。将时间定位在 00:00:03:00 的位置，记录一个"变换"下"位置"的关键帧，如图 5-176 所示，然后将时间定位在 00:00:03:12 的位置，将"位置"的水平数值设置为 1750.0，如图 5-177 所示。此时按空格键预览，就可以看到在 00:00:03:00～00:00:03:12 帧之间，白色矩形从左往右逐渐消失的效果了，如图 5-178 所示。

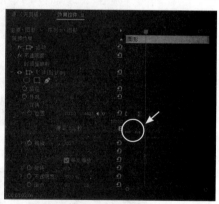

图 5-175 调整曲线形状，形成中间高两端低的效果

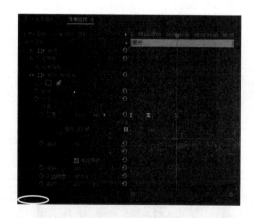

图 5-176 在 00:00:03:00 的位置，记录一个"位置"的关键帧

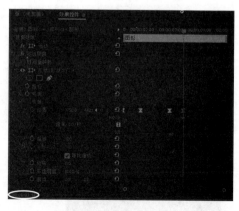

图 5-177 在 00:00:03:00 的位置，将"位置"的水平数值设置为 1750.0

图 5-178 预览效果

（2）制作文字从左往右逐渐消失的效果。选择 V3 轨道上的文字素材，然后将时间定位在 00:00:03:17 的位置，在"效果控件"面板的"裁剪"特效中记录一个"左侧"的关键帧，如图 5-179 所示。接着将时间定位在 00:00:04:05 的位置，将"左侧"的关键帧的数值设置为 100.0%，如图 5-180 所示。此时按空格键预览，就可以看到在 00:00:03:17～00:00:04:05 帧之间，文字从左往右逐渐消失的效果了，如图 5-181 所示。

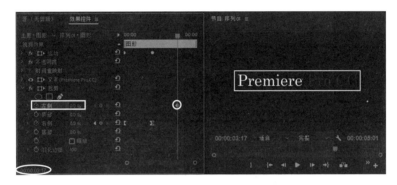

图 5-179 在 00:00:03:17 的位置，记录一个"裁剪"特效中"左侧"的关键帧

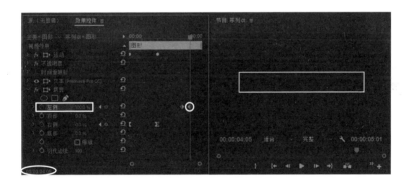

图 5-180 在 00:00:04:05 的位置，将"左侧"的数值设置为 100.0%

图 5-181 预览效果

（3）为了使文字消失的过程更加自然，下面在"效果控件"面板中将"裁剪"特效的"左侧"第一个关键帧设置为"缓出"，将"右侧"的第一个关键帧设置为"缓入"。

（4）制作白色线框逐渐消失的效果。选择 V1 轨道上的白色线框，然后将时间定位在 00:00:04:10 的位置，在"效果控件"面板的"径向擦除"特效中记录一个"过渡完成"的关键帧，如图 5-182 所示。接着将时间定位在00:00:04:22的位置,将"过渡完成"数值设置为100.0%,如图5-183所示。此时按空格键预览,就可以看到在00:00:04:10~00:00:04:22帧之间,白色线框逐渐消失的效果了,如图5-184所示。

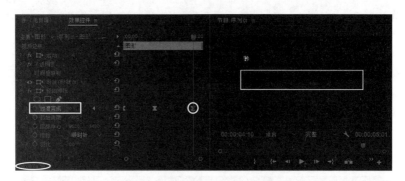

图 5-182 "效果控件"面板

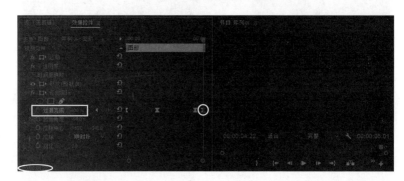

图 5-183 将"过渡完成"数值设置为100.0%

图 5-184 预览效果

(5)给文字片头动画添加背景音效。执行"文件|导入"命令,导入资源素材中的"素材及结果\第7章 视频特效的应用\7.4 制作片头动画效果\背景音效mp3"文件,然后将其拖入"时间轴"面板的A1轨道,入点为00:00:00:00,如图5-185所示。

图 5-185 将"背景音效mp3"拖入"时间轴"面板的A1轨道,入点为00:00:00:00

(6)此时"时间轴"面板的上方会出现一条红线,表示如果这时候按空格键预览,会出现明显的卡顿。为了看到实时预览效果,下面执行菜单中的"序列|渲染入点到出点的效果"(快捷键是

【Enter】键）命令，当渲染完成后就可以看到实时播放效果了。

（7）至此，整个文字片头动画效果制作完毕。执行"文件|项目管理"命令，将文件打包。然后执行"文件|导出|媒体"命令，将其输出为"文字片头动画.mp4"文件。

课后练习

一、填空题

1. 在 Premiere Pro CC 2018 中，可以通过设置"字幕属性"面板中的_____、_____、_____、_____和_____5种参数来编辑文字效果。

2. Premiere Pro CC 2018 的动态字幕分为_____和_____两种类型。

二、选择题

1. Premiere Pro CC 2018 中默认有（　　）种预置字幕样式。
   A. 86　　　　　　　B. 89　　　　　　　C. 90　　　　　　　D. 92

2. 下列（　　）属于 Premiere Pro CC 2018 的填充类型。
   A. 线性渐变　　　　B. 放射渐变　　　　C. 残像　　　　　　D. 四色渐变

三、问答题

1. 简述路径文本字幕的创建方法。
2. 利用资源素材中的"课后练习\第5章\练习1"中的相关素材制作图5-186所示的文字效果。
3. 利用资源素材中的"课后练习\第5章\练习2"中的相关素材制作图5-187所示的取景框的黑白闪光效果。

图 5-186　练习1效果

图 5-187　练习2效果

4. 制作图5-188所示的滚动字幕效果。

图 5-188　练习3效果

蒙版和校色 第6章

本章重点

在编辑视频时,利用蒙版来控制素材可视范围的应用十分广泛。此外对拍摄的素材进行颜色校正也是必不可少的环节。通过本章的学习,读者应掌握对素材进行蒙版、颜色校正和添加光效的方法。通过本章学习,读者应掌握以下内容:

- 掌握蒙版的应用;
- 掌握常用的调整与校正画面色彩的方法。

6.1 蒙版

蒙版可以理解为一个选框,其中选框内的部分为可视区域,选框外的部分为隐藏区域。利用蒙版可以控制素材的可视范围。在 Premiere Pro CC 2018 中,利用图 6-1 所示的"效果控件"面板"不透明度"中的(创建椭圆形蒙版)、■(创建 4 点多边形蒙版)和 ✎(自由绘制贝塞尔曲线)工具可以根据需要绘制出各种蒙版来控制素材的显现和隐藏。

当选择了某种蒙版工具(此时选择的是 ✎(自由绘制贝塞尔曲线)工具)后,在"效果"面板的"不透明度"下会自动显示出蒙版参数,如图 6-2 所示。此时在"节目"监视器中可以根据需要绘制出所需的蒙版路径(此时是根据鱼的轮廓绘制的蒙版),如图 6-3 所示。

图 6-1 "不透明度"中的蒙版工具

图 6-2 选择了蒙版工具后会自动产生一个蒙版

第 6 章 蒙版和校色

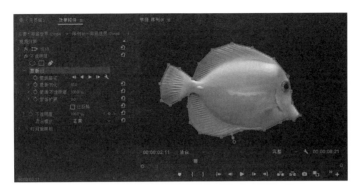

图 6-3 在"节目"监视器中绘制出鱼的蒙版

"效果"面板"不透明度"下的蒙版参数含义如下：
- 蒙版路径：当视频素材中蒙版内的物体有移动的情况，利用蒙版路径可以自动添加关键帧来跟踪蒙版中的物体移动的轨迹。
- 蒙版羽化：用于控制蒙版边缘的模糊程度，数值越大，模糊程度越高。图 6-4 所示为设置不同"蒙版羽化"数值的效果比较。

（a）"蒙版羽化"数值为10.0　　　　　（b）"蒙版羽化"数值为50.0

图 6-4 设置不同"蒙版羽化"数值的效果比较

- 蒙版不透明度：用于控制蒙版的不透明度，随着数值减小，蒙版会变为半透明状态，从而显现出下层画面的效果。图 6-5 所示为"蒙版不透明度"数值为 50% 的效果。
- 蒙版扩展：用于控制蒙版的大小，数值越大，蒙版越大。图 6-6 所示为"蒙版扩展"为 50.0 的效果。

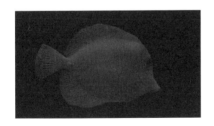 

图 6-5 "蒙版不透明度"数值为 50% 的效果　　图 6-6 "蒙版扩展"为 50.0 的效果

- 已反转：勾选该复选框，可以反转蒙版。

6.2 调整与校正画面色彩

在素材拍摄阶段由于很难控制视频拍摄环境内的光照条件和景物对画面的影响，常常会遇到视频画面出现或暗淡、或明亮、或颜色投影等问题。为了解决这个问题，Premiere Pro CC 2018为用户提供了一系列专门用于调整图像亮度、对比度和颜色的特效滤镜。利用"效果"面板"视频特效"中的"图像控制"、"调整"和"颜色校正"3类特效可以对素材进行基本的校色处理。关于"图像控制"、"调整"和"颜色校正"3类特效的应用可参见"第4章视频效果的应用"。此外利用"Limetri颜色"面板还可以快速对素材进行高级颜色调整。

6.2.1 颜色模式

目前，大多数影视节目的最终播放平台仍以电视、电影等传统视频平台为主，但制作这些节目的编辑平台却大多以计算机为基础。这就使得以计算机为运行平台的非线性编辑软件在处理和调整图像时往往不会基于电视工程学技术，而是采用了计算机创建颜色的基本原理。因此在学习Premiere Pro CC 2018调整视频素材色彩之前，需要首先了解有关色彩及计算机颜色理论的相关知识。

1．色彩与视觉原理

对人们来说，色彩是由于光线刺激眼睛而产生的一种视觉效应。也就是说，光色并存，人们的色彩感觉离不开光，只有在含有光线的场景内人们才能够看到色彩。

2．色彩三要素

在色彩学中，颜色通常被定义为一种通过传导的感觉印象，即视觉效应。同触觉、嗅觉和痛觉一样，视觉的起因是刺激，而该刺激便是来源于光线的辐射。

在日常生活中，人们在观察物体色彩的同时，也会注意到物体的形状、面积、材质、机理，以及该物体的功能及其所处的环境。通常来说，这些因素也会影响人们对色彩的感觉。为了寻找规律性，人们对感性的色彩认知进行分析，并最终得出了色相、亮度与饱和度这3种构成色彩的基本要素。

（1）色相

色相也称为色泽。简单地说，当人们在生活中称呼某一颜色的名称时，脑海内所浮现出的色彩便是色相的概念。也正是由于色彩具有这种具体的特征，人们才能感受到一个五彩缤纷的世界。

（2）饱和度

饱和度指的是色彩的纯净程度，即纯度。在所有的可见光中，有波长较为单一的，也有波长较为混杂的，还有处于两者之间的。其中，黑、白、灰等无彩色的光线即为波长最为混杂的色彩，这是由于饱和度、色相感的逐渐消失而造成的。

从色彩纯度方面来看，红、橙、黄、绿、青、蓝、紫这几种颜色是纯度最高的颜色，因此又被称为纯色。

从色彩的成分来看，饱和度取决于该色彩中的含色成分与消色成分（黑、白、灰）之间的比例。简单地说，含色成分越多，饱和度越高；消色成分越多，饱和度越低。例如，当红色中混入白色时，虽然仍旧具有红色色相的特征，但其鲜艳程度会逐渐降低，称为淡红色；当混入黑色时，则会逐渐成为暗红色；当混入亮度相同的中性灰时，色彩会逐渐成为灰红色。

（3）亮度

亮度是所有色彩都具有的属性，指的是色彩的明暗程度。在色彩搭配中，亮度关系是颜色搭配的基础。一般来说，通过不同亮度的对比，能够突出表现物体的立体感与空间感。

就色彩在不同亮度下所显现的效果来看，色彩的亮度越高，颜色就越淡，并最终表现为白色；反之，色彩的亮度越低，颜色就越重，并最终表现为黑色。

3．RGB颜色原理

RGB色彩模式是工业界的一种颜色标准。这种模式包括三原色——红（R），绿（G），蓝（B），每种色彩都有256种颜色，每种色彩的取值范围是0～255，这3种颜色混合可产生16,777,216种颜色。

RGB模式几乎包括了人类视力所能感知的所有颜色，是目前运用最为广泛的颜色系统之一。这种模式是一种加色模式（理论上），因为当R、G、B都为255时，为白色；均为0时，为黑色；R、G、B均为相等数值时，为灰色。换句话说，可把R、G、B理解成3盏灯光，当这3盏灯都打开，且为最大数值255时，即可产生白色；当这3盏灯全部关闭，即为黑色。

4．HLS颜色模式

HLS是Hue（色相）、Liminance（亮度）和Saturation（饱和度）的缩写。该颜色模式是通过指定色彩的色相、亮度与饱和度来获取颜色的，因此许多人认为HLS颜色模式较RGB颜色模式更为直观。按照HLS颜色来指定颜色时，可以在彩虹光谱上选取色调、选择饱和度（颜色的纯度），并设置亮度（由明到暗）。以橘黄色为例，这是一种饱和度高并且明亮的颜色，因此在选择"黄"色相后，应该将饱和度（S）设置为100%，亮度（L）则以50%左右为宜，如图6-7所示。

图6-7 使用HLS模式选择色彩

6.2.2 "Limetri颜色"面板

切换到"颜色"模式界面，或执行菜单中的"窗口|Lumetri颜色"命令，即可调出"Limetri颜色"面板，如图6-8所示。"Limetri颜色"面板包含"基本校正"、"创意"、"曲线"、"色轮和匹配"、"HSL辅助"和"晕影"6个选项组。

1．"基本校正"选项卡

该选项卡可以通过输入LUT和设置白平衡、色调参数将画面还原成正常的没有偏色的效果。

- 输入LUT：用于选择不同类型的摄像机颜色曲线。
- 色温：用于调整画面的冷暖色调。
- 色彩：用于调整画面的整体颜色。
- 曝光：用于调整画面的曝光度，数值越大，画面曝光越强。
- 对比度：用于调整画面的明暗反差。
- 高光：用于调整画面的亮部的数值。
- 阴影：用于调整画面的暗部的数值。
- 白色：用于调整画面白色的范围。
- 黑色：用于调整画面黑色的范围。
- 饱和度：用于调整画面的饱和程度。

2．"创意"选项卡

"创意"选项卡，如图6-9所示。该选项卡可以通过载入预设，调整锐化、饱和度和色彩平衡参数来调整画面颜色。

- Look：可以通过选择不同的预设来调整画面。
- 强度：用于设置使用预设效果的强度。
- 淡化胶片：用于制作画面的朦胧效果。
- 锐化：用于调整画面的锐利程度。数值越大，画面越锐利；反之，越柔和。
- 自然饱和度：用于调整画面中没有饱和的像素的饱和度，而已经饱和的像素不受影响。
- 饱和度：用于调整画面中所有像素的饱和度。
- 阴影色彩：用于调整画面中阴影部分的细节。

- 高光色彩：用于调整画面中高光部分的细节。
- 色彩平衡：用于调整画面的色彩平衡。

3．"曲线"选项卡

"曲线"选项卡，如图6-10所示。该选项卡可以通过调整RGB曲线和色相饱和度曲线，从而对画面进行亮部、暗部和中间调的调整。

- RGB曲线：单击◯，可以调整整体画面的曲线；单击◯，可以单独调整红色通道的曲线；单击◯，可以单独调整绿色通道的曲线；单击◯，用于单独调整蓝色通道的曲线。

> 提示
>
> 调整曲线形状后，如果要重新恢复曲线默认状态，可以在曲线窗口双击即可。

- 色相饱和度曲线：单击不同的颜色圆点，可以调整相应颜色的色相饱和度曲线。

4．"色轮和匹配"选项卡

"色轮和匹配"选项卡，如图6-11所示。该选项卡可以通过调整高光、阴影和中间调来改变画面颜色。

图6-8 "Limetri颜色"面板

图6-9 "Limetri颜色"面板的"创意"选项卡

图6-10 "Limetri颜色"面板的"曲线"选项卡

图6-11 "Limetri颜色"面板的"色轮和匹配"选项卡

- 高光：用于调整高光部分的色彩倾向。

- 阴影：用于调整阴影部分的色彩倾向。
- 中间调：用于调整中间调部分的色彩倾向。

5．"HSL 辅助"选项卡

"HSL 辅助"选项卡，如图 6-12 所示。该选项卡可以通过吸管工具吸取颜色，然后对该颜色进行色温、色彩、对比度等参数调整，从而改变画面的颜色。

- 设置颜色：可以通过右侧的 ![] 工具，在画面中吸取要调整的颜色，并可以通过 ![] 工具增加颜色，通过 ![] 工具减少颜色。
- H\S\L：用于扩大或缩小吸取颜色的 H（色相）、S（饱和度）和 L（亮度）的颜色范围。
- 彩色/灰色：勾选该复选框，画面将以灰度图进行显示，此时用户可以十分方便地查看调整的颜色范围。
- 降噪：用于调整噪点的数量。
- 模糊：用于调整模糊度。
- 色温：用于调整选取颜色的冷暖色调。
- 色彩：用于调整选取颜色的颜色。
- 对比度：用于调整选取颜色的明暗反差。
- 锐化：用于调整选取颜色的锐利程度。
- 饱和度：用于调整选取颜色的饱和程度。

6．"晕影"选项卡

"晕影"选项卡，如图 6-13 所示。该选项卡可以通过调整数量、中点、圆度和羽化参数，从而使画面四周产生晕影效果。

- 数量：用于调整晕影是从黑到白还是从白到黑。数值为负值，则画面边缘为黑色，中央为白色，如图 6-14 所示；数值为正值，则画面边缘为白色，中央为黑色，如图 6-15 所示。

图 6-12 "Limetri 颜色"面板的"HSL 辅助"选项卡

图 6-13 "Limetri 颜色"面板的"晕影"选项卡

图 6-14 "数量"为负值的效果

- 中点：用于调整黑白之间过渡中点的位置。
- 圆度：用于调整晕影的圆度，数值为100，则为正圆形。
- 羽化：用于调整黑白之间的羽化程度。数值为0，则没有羽化，如图 6-16 所示。

图 6-15 "数量"为正值的效果

图 6-16 "羽化"数值为 0 的效果

6.3 实例讲解

本节将通过"制作变色的汽车效果"、"制作黑白视频逐渐过渡到彩色视频效果"、"去除移动镜头中多余的人物"、"制作虚化背景效果"、"制作视频基本校色 1"、"制作视频基本校色 2"和"制作视频基本校色 3" 7 个实例来讲解 Premiere Pro CC 2018 的蒙版和校色在实践中的应用。

6.3.1 制作变色的汽车效果

6.3.1 制作变色的汽车效果

要点

本例将制作不断变色的汽车效果,如图 6-17 所示。通过本例的学习,读者应掌握利用"颜色平衡(HLS)"进行校色和添加默认"交叉溶解"视频过渡效果的方法。

图 6-17 变色的汽车效果

操作步骤

1. 制作汽车的变色效果

(1)启动 Premiere Pro CC 2018,然后单击"新建项目"按钮,新建一个名称为"变色的汽车"的项目文件。接着新建一个预设为"ARRI 1080p 25"的"序列 01"序列文件。

(2)导入素材。执行"文件|导入"命令,导入资源素材中的"素材及结果\6.3.1 制作变色的汽车效果\汽车.jpg"文件,此时"项目"面板如图 6-18 所示。

(3)设置"汽车.jpg"图片的持续时间长度为 2 秒。右击"项目"面板中"汽车.jpg"素材,从弹出的快捷菜单中选择"速度/持续时间"命令,接着在弹出的"剪辑速度/持续时间"对话框中设置"持续时间"为 00:00:02:00,如图 6-19 所示,单击"确定"按钮。

(4)将"项目"面板中的"汽车.jpg"素材拖入"时间线"面板的"V1"轨道中,入点为 00:00:00:00,如图 6-20 所示,效果如图 6-21 所示。

(5)依次复制 3 个"汽车.jpg"素材。选择 V1 轨道上的"汽车.jpg"素材,然后按【Ctrl+C】组合键进行复制,接着按【End】键,切换到"汽车.jpg"素材的结束处,再按【Ctrl+V】组合键 3 次,从而依次复制出 3 个"汽车.jpg"素材,最后再按【\】键,将所有素材在时间轴中最大化显示,如图 6-22 所示。

第 6 章　蒙版和校色

图 6-18　"项目"面板

图 6-19　设置"持续时间"为 00:00:02:00

图 6-20　将"汽车.jpg"素材拖入"V2"轨道中

图 6-21　源素材的显示效果

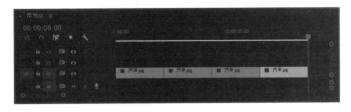
图 6-22　将所有素材在时间轴中最大化显示

（6）制作变色的汽车效果。在"效果"面板的搜索栏中输入"颜色平衡"，如图 6-23 所示，然后将"颜色平衡（HLS）"特效分别拖到"V1"轨道中的第 2~4 段素材上，如图 6-24 所示。

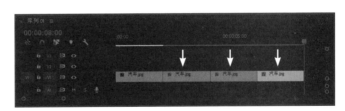

图 6-23　输入"颜色平衡"　图 6-24　将"颜色平衡（HLS）"特效分别拖到"V1"轨道中的第 2~4 段素材上

（7）将 V1 轨道中的第 2 段素材中的汽车颜色调整为蓝色。选中 V1 轨道中第 2 段"汽车.jpg"素材，然后在"效果控件"面板中展开"颜色平衡（HLS）"特效的参数，将"色相"设置为 210.0°，效果如图 6-25 所示。

（8）将 V1 轨道中的第 3 段素材中的汽车颜色调整为红色。选中 V1 轨道中第 3 段"汽车.jpg"素材，然后在"效果控件"面板中展开"颜色平衡（HLS）"特效的参数，将"色相"设置为 330.0°，效果如图 6-26 所示。

- 225 -

图 6-25 将"色相"设置为 210.0°

图 6-26 将"色相"设置为 330.0°

(9) 将 V1 轨道中的第 4 段素材中的汽车颜色调整为黄色。选中 V1 轨道中第 4 段 "汽车.jpg"素材,然后在"效果控件"面板中展开"颜色平衡(HLS)"特效的参数,将"色相"设置为 30.0°,效果如图 6-27 所示。

2. 在素材间添加视频过渡

(1) 按【↑】或【↓】键,将时间线分别定位在 4 段素材的相交处,然后按【Ctrl+D】组合键,添加默认的"交叉溶解"视频过渡,如图 6-28 所示。

图 6-27 将"色相"设置为 30.0°

图 6-28 添加默认的"交叉溶解"视频过渡

(2) 至此,变色的汽车效果制作完毕。执行"文件|项目管理"命令,将文件打包。然后执行"文件|导出|媒体"(快捷键【Ctrl+M】)命令,将其输出为"变色的汽车效果.mp4"文件。

6.3.2 制作黑白视频逐渐过渡到彩色视频效果

6.3.2 制作黑白视频逐渐过渡到彩色视频效果

要点

本例将对一个黑白视频逐渐过渡到彩色视频效果,如图 6-29 所示。通过本例的学习,读者应掌握利用视频倒放、"黑白"和"颜色键"视频特效的应用。

图 6-29 黑白视频逐渐过渡到彩色视频效果

操作步骤

（1）启动 Premiere Pro CC 2018，执行"文件|新建|项目"（快捷键是【Ctrl+Alt+N】）命令，新建一个名称为"黑白视频变为彩色视频"的项目文件。接着新建一个预设为"ARRI 1080p 25"的"序列01"序列文件。

（2）导入素材。执行"文件|导入"命令，导入资源素材中的"素材及结果\6.3.2 制作黑白视频逐渐过渡到彩色视频效果\素材.mp4"文件，如图 6-30 所示。

（3）将"项目"面板中的"素材.mp4"拖入"时间轴"面板的 V1 轨道中，入点为 00:00:00:00，然后按【\】键，将其在时间轴中最大化显示，如图 6-31 所示。

图 6-30　将素材以图标视图的方式进行显示　　图 6-31　将"素材.mp4"拖入"时间轴"，入点为 00:00:00:00

（4）按空格键预览动画，此时可以看到视频中镜头逐渐推近的效果，如图 6-32 所示。

图 6-32　预览效果

（5）按住【Alt】键，将 V1 轨道上的"素材.mp4"复制到 V2 轨道。然后单击 V2 轨道上的 ◎，切换为 ◼ 状态，从而隐藏 V2 轨道的显示，如图 6-33 所示。

（6）制作视频的黑白效果。在"效果"面板搜索栏中输入"黑白"，如图 6-34 所示，然后将"黑白"视频特效拖给 V1 轨道上的"素材.mp4"，此时画面就呈现出黑白效果了，如图 6-35 所示。

（7）在"时间轴"面板中单击 V2 轨道上的 ◼，切换为 ◎ 状态，从而恢复 V2 轨道的显示。然后在"效果"面板搜索栏中输入"颜色键"，如图 6-36 所示。接着将"颜色键"视频特效拖给 V2 轨道上的"素材.mp4"。

图 6-33　隐藏 V2 轨道的显示　　　　　　　　　　图 6-34　输入"黑白"

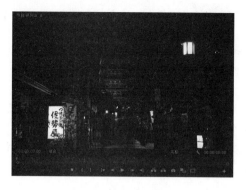

图 6-35 "黑白"效果　　　　　　图 6-36 "颜色键"效果

（8）选择V2轨道上的"素材.mp4"，然后在"效果控件"面板"颜色键"中单击■工具，再在"节目"监视器中吸取塔上灯光的黄色，如图6-37所示。接着将"颜色容差"设置为255，效果如图6-38所示。

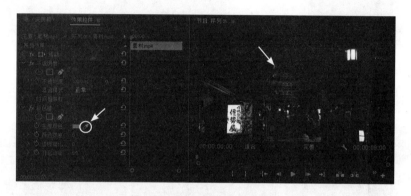

图 6-37 吸取塔上灯光的黄色

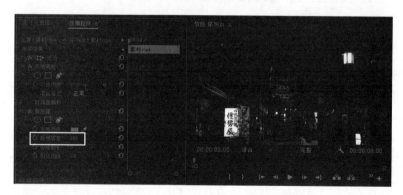

图 6-38 将"颜色容差"设置为 255 的效果

（9）制作视频由黑白变为彩色的效果。将时间定位在00:00:02:00的位置，然后选择V2轨道上的"素材.mp4"，在"效果控件"面板"颜色键"中单击"颜色容差"前面的■按钮，切换为■状态，从而添加一个关键帧，如图6-39所示。

（10）将时间定位在00:00:05:00的位置，再在"效果控件"面板"颜色键"中单击"颜色容差"后面的■（重置参数）按钮，重置参数，如图6-40所示，此时画面就变为了彩色，如图6-41所示。

（11）此时时间轴上方会显示一条红线，如图6-42所示，表示如果按空格键进行预览会出现明显卡顿。执行"序列|渲染入点到出点"（快捷键是【Enter】）命令进行渲染，当渲染完成后就可以进行

实时预览了，此时时间轴上方的红线会变为绿线。

（12）至此，整个黑白视频逐渐过渡到彩色视频效果制作完毕。执行"文件|项目管理"命令，将文件打包。然后执行"文件|导出|媒体"命令，将其输出为"黑白视频逐渐过渡到彩色视频效果.mp4"文件。

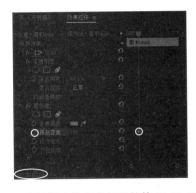

图 6-39　将时间定位在音频开始的 00:00:00:20 的位置

图 6-40　在 00:00:05:00 的位置重置参数

图 6-41　画面变为了彩色

图 6-42　时间轴上方会显示一条红线

6.3.3　去除移动镜头画面中多余的人物

要点

本例将去除移动镜头画面中多余的人物，如图 6-43 所示。通过本例的学习，读者应掌握利用"蒙版"的应用。

视频

6.3.3　去除移动镜头画面中多余的人物

（a）去除人物前

（b）去除人物后

图 6-43　去除移动镜头画面中多余的人物

操作步骤

（1）启动 Premiere Pro CC 2018，执行"文件|新建|项目"（快捷键是【Ctrl+Alt+N】）命令，新

建一个名称为"去除人物"的项目文件。接着新建一个预设为"ARRI 1080p 25"的"序列01"序列文件。

（2）导入素材。执行"文件|导入"命令，导入资源素材中的"素材及结果\6.3.3去除移动镜头画面中多余的人物\素材.mp4"文件，接着在"项目"面板下方单击■（图标视图）按钮，将素材以图标视图的方式进行显示，如图6-44所示。

（3）将"项目"面板中的"素材.mp4"拖入"时间轴"面板的V1轨道中，入点为00:00:00:00，然后按【\】键，将其在时间轴中最大化显示，如图6-45所示。

图 6-44　将素材以图标视图的方式进行显示　　图 6-45　将"素材.mp4"拖入"时间轴"，入点为 00:00:00:00

（4）按住【Alt】键，将V1轨道上的素材复制到V2轨道，如图6-46所示。

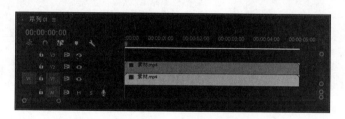

图 6-46　将 V1 轨道上的素材复制到 V2 轨道

（5）选择V2轨道上的"素材.mp4"素材，然后在"效果控件"面板中选择"不透明度"下的■（创建椭圆形蒙版）工具，如图6-47所示，此时"节目"监视器中会显示出一个椭圆形蒙版，如图6-48所示。接着调整椭圆形蒙版的位置和大小，如图6-49所示。

（6）在"效果控件"面板中将V2轨道上素材"位置"的数值设置为（560.0，450.0），从而使蒙版中的素材基本覆盖住人物，如图6-50所示。

图 6-47　选择■（创建椭圆形蒙版）工具　　图 6-48　"节目"监视器中会显示出一个椭圆形蒙版

图 6-49　调整椭圆形蒙版的位置和大小

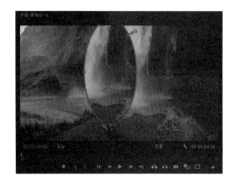
图 6-50　使蒙版中的素材基本覆盖住人物

（7）此时蒙版并没有完全遮盖住人物，下面在"效果控件"面板中将 V2 轨道上素材"缩放"的数值设置为 130.0，如图 6-51 所示，此时蒙版就完全遮盖住人物了，如图 6-52 所示。

图 6-51　将"缩放"的数值设置为 130.0

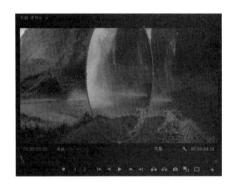
图 6-52　蒙版完全遮盖住人物

（8）为了使复制后的素材与原来的素材产生一定变化，在"效果控件"面板中将 V2 轨道上素材"旋转"的数值设置为 10.0，如图 6-53 所示，效果如图 6-54 所示。

图 6-53　将"旋转"的数值设置为 10.0

图 6-54　将"旋转"的数值设置为 10.0 的效果

（9）为了使两段素材更好地融合在一起，在"效果控件"面板中将 V2 轨道上素材"蒙版羽化"的数值设置为 40.0，如图 6-55 所示，效果如图 6-56 所示。

（10）按空格键进行预览。

图 6-55 将"蒙版羽化"的数值设置为 40.0

图 6-56 将"蒙版羽化"的数值设置为 40.0 的效果

（11）至此，整个去除移动镜头画面中多余的人物效果制作完毕。执行"文件|项目管理"命令，将文件打包。然后执行"文件|导出|媒体"（快捷键【Ctrl+M】）命令，将其输出为"去除人物.mp4"文件。

● 视 频

6.3.4 制作虚化背景效果

6.3.4 制作虚化背景效果

> **要点**
>
> 本例将制作一个视频中要表现的桥梁路面主体清晰，以外的背景虚化的效果，如图 6-57 所示。通过本例的学习，读者应掌握"调整图层"和"高斯模糊"视频特效的应用。

图 6-57 虚化背景效果

操作步骤

（1）启动 Premiere Pro CC 2018，执行"文件|新建|项目"（快捷键是【Ctrl+Alt+N】）命令，新建一个名称为"虚化背景效果"的项目文件。接着新建一个预设为"ARRI 1080p 25"的"序列01"序列文件。

（2）导入素材。执行"文件|导入"命令，导入资源素材中的"素材及结果\6.3.4 制作虚化背景效果\素材.mp4"文件，接着在"项目"面板下方单击 ■（图标视图）按钮，将素材以图标视图的方式进行显示，如图 6-58 所示。

（3）将"项目"面板中的"素材.mp4"拖入"时间轴"面板的 V1 轨道中，入点为 00:00:00:00，然后按【\】键，将其在时间轴中最大化显示，如图 6-59 所示。

（4）在"项目"面板中单击下方的 ■（新建项）按钮，然后从弹出的快捷菜单中选择"调整图层"命令。接着在弹出的如图 6-60 所示的"调整图层"对话框中保持默认参数，单击"确定"按钮，即可在"项目"面板中添加一个调整图层，如图 6-61 所示。

（5）将"项目"面板中的"调整图层"素材拖入时间轴的 V2 轨道中，入点为 00:00:00:00，出点与 V1 轨道的素材等长，如图 6-62 所示。

第 6 章 蒙版和校色

图 6-58 导入"素材 .mp4"

图 6-59 将"素材 .mp4"拖入"时间轴"面板并在时间轴中最大化显示

图 6-60 "调整图层"对话框

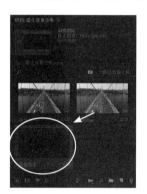

图 6-61 "项目"面板中"调整图层"素材

图 6-62 将"调整图层"素材拖入时间轴的 V2 轨道,并将其设置为与 V1 轨道的素材等长

(6) 在"效果"面板搜索栏中输入"高斯模糊",然后将"高斯模糊"视频特效拖到时间轴 V2 轨道上的调整图层。接着在"效果控件"面板"高斯模糊"中单击 (自由绘制贝塞尔曲线),如图 6-63 所示,再在"节目"监视器中沿着公路绘制出封闭路径,如图 6-64 所示。

图 6-63 单击 (自由绘制贝塞尔曲线)

图 6-64 沿着公路绘制出封闭路径

(7) 在"效果控件"面板"高斯模糊"中将"模糊度"设置为 50.0,勾选"已反转"复选框,如图 6-65 所示,此时就可以看到桥梁路面的主体清晰,而以外的背景模糊的效果,如图 6-66 所示。

- 233 -

图 6-65 设置"高斯模糊"参数

图 6-66 设置"高斯模糊"参数后的效果

（8）此时画面的边缘也产生了模糊效果，下面在"效果控件"面板"高斯模糊"中勾选"重复边缘像素"复选框，如图 6-67 所示，此时画面的边缘就变清晰了，如图 6-68 所示。

图 6-67 勾选"重复边缘像素"复选框

图 6-68 背景勾选"重复边缘像素"复选框后的效果

（9）按空格键进行预览。

（10）至此，整个虚化背景的效果制作完毕。执行"文件|项目管理"命令，将文件打包。然后执行"文件|导出|媒体"命令，将其输出为"虚化背景.mp4"文件。

6.3.5 制作视频基本校色实例 1

6.3.5 制作视频基本校色实例1

要点

本例将对一个视频素材进行校色处理，如图 6-69 所示。通过本例的学习，读者应掌握利用"Lumetri 颜色"面板对素材进行校色的方法。

（a）校色前

（b）校色后

图 6-69 视频基本校色

操作步骤

（1）启动 Premiere Pro CC 2018，执行"文件|新建|项目"（快捷键是【Ctrl+Alt+N】）命令，新建

一个名称为"视频基本校色1"的项目文件。接着新建一个预设为"ARRI 1080p 25"的"序列01"序列文件。

（2）导入素材。执行"文件|导入"命令，导入资源素材中的"素材及结果\6.3.5制作视频基本校色效果1\素材.mp4"文件，接着在"项目"面板下方单击■（图标视图）按钮，将素材以图标视图的方式进行显示，如图6-70所示。

（3）将"项目"面板中的"素材.mp4"拖入"时间轴"面板的V1轨道中，入点为00:00:00:00，然后按【\】键，将其在时间轴中最大化显示，如图6-71所示。

（4）在Premiere Pro CC 2018工作界面上方单击"颜色"，进入"颜色"界面，然后选择V1轨道上的素材，此时在"Lumetri范围"面板中可以看到视频的红、绿的暗部数值偏低，另外红、绿和蓝的亮部数值也偏低，如图6-72所示。

图6-70 将素材以图标视图的方式进行显示

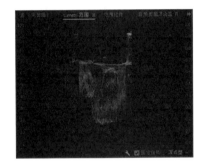

图6-71 将"素材.mp4"拖入"时间轴"，入点为00:00:00:00　　图6-72 "Lumetri范围"面板

（5）在右侧"Lumetri颜色"面板中展开"RGB曲线"选项组，单击■按钮，然后调整红色曲线的形状，如图6-73所示，此时"Lumetri范围"面板显示如图6-74所示，"节目"监视器显示效果如图6-75所示。

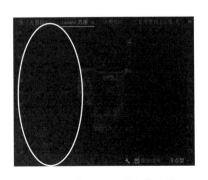

图6-73 调整红色曲线的形状　　图6-74 "Lumetri范围"面板　　图6-75 调整红色曲线形状后的效果

（6）同理，在右侧"Lumetri 颜色"面板中单击■按钮，然后调整绿色曲线的形状，如图6-76所示，此时"Lumetri 范围"面板显示如图6-77所示，"节目"监视器显示效果如图6-78所示。

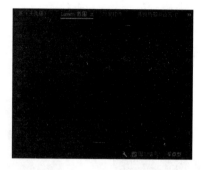

图 6-76　调整绿色曲线的形状　　　图 6-77　"Lumetri 范围"面板　　　图 6-78　调整绿色曲线形状后的效果

（7）同理，在右侧"Lumetri 颜色"面板中单击■按钮，然后调整蓝色曲线的形状，如图6-79所示，此时"Lumetri 范围"面板显示如图6-80所示，"节目"监视器显示效果如图6-81所示。

图 6-79　调整蓝色曲线的形状　　　图 6-80　"Lumetri 范围"面板　　　图 6-81　调整蓝色曲线形状后的效果

（8）为了使视频效果更加美观，下面进一步调整参数。在右侧"Lumetri 颜色"面板中展开"基本校正"参数，然后将"对比度"的数值设置为70.0，"高光"数值设置为30.0，"阴影"数值设置为40.0，如图6-82所示，此时"节目"监视器显示效果如图6-83所示。

（9）至此，整个视频校色制作完毕。执行"文件|项目管理"命令，将文件打包。然后执行"文

件|导出|媒体"命令,将其输出为"视频基本校色1.mp4"文件。

图6-82 调整"基本校正"参数

图6-83 调整"基本校正"参数后的效果

6.3.6 制作视频基本校色实例2

6.3.6 制作视频基本校色实例2

要点

本例将对一个视频素材进行校色处理,如图6-84所示。通过本例的学习,读者应掌握利用"Lumetri颜色"面板对素材进行校色的方法。

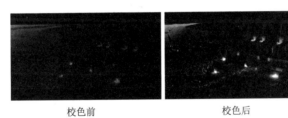

图6-84 视频基本校色

操作步骤

(1)启动Premiere Pro CC 2018,执行"文件|新建|项目"(快捷键是【Ctrl+Alt+N】)命令,新建一个名称为"视频基本校色"的项目文件。接着新建一个预设为"ARRI 1080p 25"的"序列01"序列文件。

(2)导入素材。执行"文件|导入"命令,导入资源素材中的"素材及结果\6.3.6制作视频基本校色效果2\素材.mp4"文件,接着在"项目"面板下方单击■(图标视图)按钮,将素材以图标视图的方式进行显示,如图6-85所示。

(3)将"项目"面板中的"素材.mp4"拖入"时间轴"面板的V1轨道中,入点为00:00:00:00,然后按【\】键,将其在时间轴中最大化显示,如图6-86所示。

（4）在 Premiere Pro CC 2018 工作界面上方单击"颜色"，进入"颜色"界面。然后选择 V1 轨道上的素材，此时在"Lumetri 范围"面板中可以看到视频的分形 RGB 位于中下部，如图 6-87 所示。下面对分形 RGB 进行调整，使之能够匀称分布。

图 6-85　将素材以图标视图的方式进行显示　　图 6-86　将"素材.mp4"拖入"时间轴"，入点为 00:00:00:00　　图 6-87　"Lumetri 范围"面板

（5）选择 V1 轨道上的"素材.mp4"素材，然后在右侧"Lumetri 颜色"面板中展开"RGB 曲线"选项组，单击■按钮，接着调整曲线的形状，如图 6-88 所示，此时"Lumetri 范围"面板中的分形 RGB 的分布就比较匀称了，如图 6-89 所示。这时候可以在"Lumetri 颜色"面板中单击■按钮，在"节目"监视器查看对视频校色前后的效果，如图 6-90 所示。

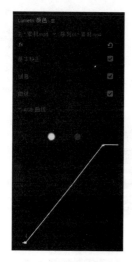 

图 6-88　调整曲线的形状　　　　　　　　　图 6-89　"Lumetri 范围"面板

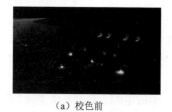 

　　　　　　（a）校色前　　　　　　　　　　　　　（b）校色后

图 6-90　对视频校色前后的效果对比

（6）增加视频的饱和度。在"Lumetri 颜色"面板中展开"基本校正"参数，然后将"饱和度"的数值加大为 150.0%，如图 6-91 所示，效果如图 6-92 所示。

 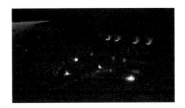

图 6-91 将"饱和度"的数值加大为 150.0%　　　图 6-92 将"饱和度"的数值加大为 150.0% 的效果

（7）此时视频画面整体偏冷色调，下面将视频画面处理为暖色调。在"Lumetri颜色"面板将"色彩"的数值设置为30.0，如图6-93所示，效果如图6-94所示。

 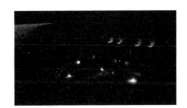

图 6-93 将"色彩"的数值设置为 30.0　　　图 6-94 将"色彩"的数值设置为 30.0 的效果

（8）此时视频画面偏暗，下面将"白色"的数值加大为50.0，如图6-95所示，效果如图6-96所示。

图 6-95 将"白色"的数值加大为 50.0　　　图 6-96 将"白色"的数值加大为 50.0 的效果

（9）此时视频画面对比度不强，下面将"对比度"的数值加大为30.0，如图6-97所示，效果如图6-98所示。

图6-97 将"对比度"的数值加大为30.0

图6-98 将"对比度"的数值加大为30.0的效果

（10）至此，整个视频校色制作完毕。执行"文件|项目管理"命令，将文件打包。然后执行"文件|导出|媒体"命令，将其输出为"视频基本校色1.mp4"文件。

● 视频

6.3.7 制作视频基本校色实例3

6.3.7 制作视频基本校色实例3

要点

本例将对一个视频素材进行校色处理，如图6-99所示。通过本例的学习，读者应掌握利用"Lumetri颜色"面板对素材进行校色的方法。

（a）校色前

（b）校色后

图6-99 视频基本校色

操作步骤

（1）启动Premiere Pro CC 2018，执行"文件|新建|项目"（快捷键是【Ctrl+Alt+N】）命令，新建一个名称为"视频基本校色"的项目文件。接着新建一个预设为"ARRI 1080p 25"的"序列01"序列文件。

（2）导入素材。执行"文件|导入"命令，导入资源素材中的"素材及结果\6.3.7 制作视频基本校色效果3\素材.mp4"文件，接着在"项目"面板下方单击■（图标视图）按钮，将素材以图标视图的方式进行显示，如图6-100所示。

（3）将"项目"面板中的"素材.mp4"拖入"时间轴"面板的V1轨道中，入点为00:00:00:00，然后按【\】键，将其在时间轴中最大化显示，如图6-101所示。

（4）在 Premiere Pro CC 2018 工作界面上方单击"颜色"，进入"颜色"界面。然后选择 V1 轨道上的素材，此时在"Lumetri 范围"面板中可以看到视频的分形 RGB 位于中下部，如图 6-102 所示。下面对分形 RGB 进行调整，使之能够匀称分布。

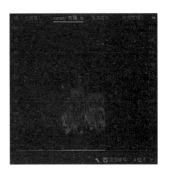

图 6-100　将素材以图标视图的方式进行显示

图 6-101　将"素材.mp4"拖入"时间轴"，入点为 00:00:00:00

图 6-102　"Lumetri 范围"面板

（5）选择 V1 轨道上的"素材.mp4"素材，然后在右侧"Lumetri 颜色"面板中展开"RGB 曲线"选项组，单击■按钮，接着调整曲线的形状，如图 6-103 所示，此时"Lumetri 范围"面板中的分形 RGB 的分布就比较匀称了，如图 6-104 所示。这时候可以在"Lumetri 颜色"面板中单击 fx 按钮，在"节目"监视器查看对视频校色前后的效果，如图 6-105 所示。

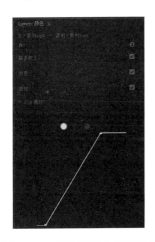

图 6-103　调整红色曲线的形状

图 6-104　"Lumetri 范围"面板

（a）校色前　　　　　　　　　　　　　　（b）校色后

图 6-105　对视频校色前后的效果对比

（6）增加视频的饱和度。在"Lumetri 颜色"面板中展开"基本校正"参数，然后将"饱和度"的数值加大为 180.0%，如图 6-106 所示，效果如图 6-107 所示。

（7）此时视频画面整体偏冷色调，下面将视频画面处理为暖色调。在"Lumetri 颜色"面板将

"色彩"的数值设置为20.0,如图6-108所示,效果如图6-109所示。

(8) 至此,整个视频校色制作完毕。执行"文件|项目管理"命令,将文件打包。然后执行"文件|导出|媒体"命令,将其输出为"视频基本校色1.mp4"文件。

图6-106 将"饱和度"的数值加大为180.0%　　图6-107 将"饱和度"的数值加大为180.0%的效果

图6-108 将"色彩"的数值设置为20.0　　图6-109 将"色彩"的数值设置为20.0的效果

课后练习

一、填空题

1. 蒙版可以理解为一个选框,其中选框内的部分为_____,选框外的部分为_____。
2. 利用_____面板还可以快速对素材进行高级颜色调整。

二、选择题

1. 在RGB色彩模式下,当R、G、B的数值都为(　　)时,为白色;当R、G、B的数值都为(　　)时,为黑色。

A. 0　　　　　　　　B. 255　　　　　　　　C. 100　　　　　　　　D. 20

2. RGB色彩模式是工业界的一种颜色标准。这种模式包括三原色:红(R),绿(G),蓝(B),

每种色彩都有（　　）种颜色？

A. 100　　　　　　　　B. 150　　　　　　　　C. 200　　　　　　　　D. 256

三、问答题/上机题

1. 简述蒙版的创建方法。
2. 利用资源素材中的"课后练习\第6章\练习1\素材.mp4"，制作去除画面中人物的效果，如图6-110所示。

（a）去除人物前

（b）去除人物后

图6-110　练习1效果

3. 利用资源素材中的"课后练习\第6章\练习2\素材.mp4"，制作变色的鲜花效果，如图6-111所示。

（a）校色前

（b）校色后

图6-111　练习2效果

获取和编辑音频 第7章

本章重点

在现代影视节目的制作过程中,所有节目都会在后期编辑时添加适合的背景音效,从而使节目能够更加精彩、完美。Premiere Pro CC 2018为用户提供了各种便捷的音频处理功能。通过本章的学习,读者应掌握以下内容:
- 掌握导入和添加音频素材的方法;
- 掌握编辑音频素材的方法;
- 掌握分离和链接视音频的方法;
- 掌握音频过渡与音频效果的相关知识。

7.1 音频概述

人类能够听到的所有声音都可被称为音频,比如说话声、歌声、乐器声和噪声等,但由于类型的不同,这些声响都具有一些自身的特性。

7.1.1 了解声音

声音是通过物体振动产生的,其中正在发生的物体被称为声源。由声源振动空气所产生的疏密波在进入人耳后,会通过振动耳膜产生刺激信号,并由此形成听觉感受,这便是人们"听"到声音的整个过程。

1. 不同类型的声音

声源在发出声音时的振动速度称为声音频率,是以Hz为单位进行测量的。通常情况下,人们能够听到的声音频率在20Hz~20kHz范围之内。按照内容、频率范围和时间领域的不同,可以将声音大致分为以下几种类型:

(1) 自然音

自然音是指大自然的声音,如流水声、雷鸣声或风的声音等。

(2) 纯音

当声音只由一种频率的声波所组成时,声源所发出的声音便称为纯音。

(3) 复合音

复合音是由基音和泛音组合在一起形成的声音,即由多个不同频率声波构成的组合频率。复合音的产生原因是声源物体在进行整体振动的同时,其内部的组合部分也在振动而形成的。

(4) 协和音

协和音是由两个单独的纯音组合而成的，但它与基音存在正比的关系。例如，当按下钢琴相差8度的音符时，两者听起来犹如一个音符，因此被称为协和音；如果按下相邻2度的音符，则听起来不融合，这种声音被称为不协和音。

(5) 噪声

噪声是一种会引起人们烦躁或危害人体健康的声音，其主要来源于交通运输、车辆鸣笛、工作噪声和建筑施工等。

(6) 超声波与次声波

音波的频率高于20kHz时，被称为超声波。音波的频率低于20kHz时，被称为次声波。

2．声音的三要素

人们从听觉心理上把声音归纳为响声、音高和音色3种不同的属性。

(1) 响度

响度又称为声强或音量，用于表示声音能量的强弱程度，主要取决于声波振幅的大小，振幅越大响度越大。声音的响度采用声压或声强来计量，单位为帕（Pa），与基准声压比值的对数值称为声压级，单位为分贝（dB）。

响度是听觉的基础，正常人听觉的强度范围在0～140dB之间，当声音的频率超出人耳可听频率范围时，其响度为0。

(2) 音高

音高也称为音调，用于表示人耳对声音高低的主观感受。音调由频率决定，频率越高音调越高。一般情况下，较大物体振动时的音调较低，较小物体振动时的音调较高。

(3) 音色

音色也称为音品，是由声音波形的谐波频谱和包络决定的。举例来说，当人们听到声音时，通常都能够辨别出是哪种类型的声音，其原因便在于不同声源在振动发声时产生的音色不同，因此会为人们带来不同的听觉印象。

7.1.2 音频信号的数字化处理技术

随着科学技术的发展，无论是广播电视、电影、音像公司、唱片公司还是个人录音棚，都在使用数字化技术处理音频信号。数字化正成为一种趋势，而数字化的音频处理技术也将拥有广阔的前景。

1．数字音频技术的概述

所谓数字音频是指把声音信号数字化，并在数字状态下进行传送、记录、重放以及加工处理的一整套技术。与之对应的是，将声音信号在模拟状态下进行加工处理的技术称为模拟音频技术。

模拟音频信号的声波振幅具有随时间连续变化的性质，音频数字化的原理就是将这种模拟信号按一定时间间隔取值，并将取值按照二进制编码进行表示，从而将连续的模拟信号变换为离散的数字信号的操作过程。

与模拟信号相比，数字音频拥有较低的失真率和较高的信噪比，能经受多次复制与处理而不会明显降低质量。在多声道音频领域中，数字音频还能够消除通道间的相位差。不过，由于数字音频的数字量较大，因此会提高存储与传输数据时的成本和复杂性。

2．数字音频技术的应用

由于数字音频在存储和传输方面拥有很多模拟音频无法比拟的技术优越性，因此数字音频技术已经广泛地应用于音频制作过程中。

(1) 数字录音机

数字录音机采用了数字化方式记录音频信号，因此能够实现很高的动态范围和极好的频率相应，抖晃率也低于可测量的极限。与模拟录音机相比，剪辑功能也有极大的增强和提高，还可以实现自动编辑。

(2) 数字调音台

数字调音台除了具有 A/D 和 D/A 转换器外，还具有 DSP 处理器。在使用及控制方面，调音台附设有计算机磁盘记录、电视监视器，且各种控制器的调校程序、位置、电平、声源记录分组等均具有自动化功能，包括推拉电位器运动、均衡器、滤波器、压限器、输入、输出、辅助编组等，均由计算机控制。

(3) 数字音频工作站

数字音频工作站是一种计算机多媒体技术应用到数字音频领域后的产物。它包括了许多音频制作功能。多轨数字记录系统可以进行音乐节目录音、补录、搬轨及并轨使用，用户可以根据需要对轨道进行补充，从而能够更方便地进行音频、视频同步编辑等后期制作。

7.2 导入和添加音频素材

在视频编辑完成后，通常还要给编辑好的视频添加相应的音频。下面介绍导入和添加音频素材的方法。

7.2.1 导入音频素材

在 Premiere Pro CC 2018 中对音频素材进行编辑前，需要先将要导入到"项目"面板中的音频素材准备好，然后执行导入操作，将其导入到"项目"面板中。导入音频素材的具体操作步骤如下：

(1) 执行"文件|导入"命令（快捷键【Ctrl+I】）。

(2) 在弹出的"导入"对话框中选择要导入的音频素材（此时选择的是"01.mp3"），如图7-1所示，然后单击"打开"按钮，即可将其导入到"项目"面板中，如图7-2所示。

> **提示**
>
> 在"项目"面板的空白区域中双击，也可以弹出"导入"对话框。

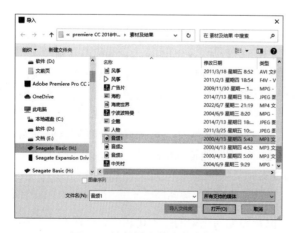

图 7-1 选择导入的音频素材

图 7-2 "项目"面板

7.2.2 在"时间轴"面板中添加音频素材

在将音频素材导入到"项目"面板后,下面需要将音频素材添加到"时间轴"面板中才能对音频素材进行后面的编辑操作。在"时间轴"面板中添加音频素材的具体操作步骤如下:

(1) 在"项目"面板中选择要添加到"时间轴"面板中的音频素材。

(2) 将其拖入"时间轴"面板的相应音频轨道中,此时音轨轨道上会出现一个矩形框,如图7-3所示。然后拖动矩形框,将音频素材放置到所需位置后松开鼠标,即可将其添加到"时间轴"面板中,如图7-4所示。

图 7-3 将音频素材拖入"时间轴"面板的相应音频轨道中　　图 7-4 添加到"时间轴"面板中的音频素材

7.3 编辑音频素材

将所需音频素材添加到"时间轴"面板后,接下来就可以对音频素材进行编辑了。

7.3.1 调整音频持续时间和播放速度

和视频素材的编辑一样,在应用音频素材时,可以对其播放速度和时间长度进行修改设置。调整音频持续时间和播放速度的具体操作步骤如下:

(1) 在"时间轴"面板中选择要调整的音频素材。

(2) 右击,从弹出的快捷菜单中选择"速度/持续时间"命令,然后在弹出的图7-5所示的"剪辑速度/持续时间"对话框中对音频的持续时间进行调整,此时将"速度"数值改为50%,如图7-6所示。

> **提示**
>
> 当改变"速度"数值时,音频的播放速度就会发生改变,从而也可以使音频的持续时间发生改变,但改变后的音频素材的节奏也同时被改变。

图 7-5 "剪辑速度/持续时间"对话框　　　　　　图 7-6 将"速度"数值改为 50%

(3) 单击"确定"按钮,此时音频素材显示如图7-7所示。

图 7-7　调整"速度"数值后的音频素材

（4）在"时间轴"面板中直接拖动音频的边缘，也可改变音频轨道中音频素材的长度，如图 7-8 所示。

图 7-8　通过直接拖动音频的边缘的方法改变音频素材的长度

（5）利用 （剃刀工具）可以将多余的音频部分与原有音频分离开，如图 7-9 所示。然后选择多余的音频，按【Delete】键，即可删除多余的音频部分。

图 7-9　利用 （剃刀工具）将多余的音频部分切除掉

7.3.2　调节音频增益

音频增益是指音频信号的声调高低，当一个视频片段同时拥有几个音频素材时，就需要平衡这几个素材的增益，如果一个素材的音频信号或高或低，就会严重影响播放时的音频效果。调节音频增益的具体操作步骤如下：

（1）在"时间轴"面板中选择需要调整的音频素材（此时选择的是"A2"轨道中的"02.MP3"），如图 7-10（a）所示。此时在"源"监视器中可以查看音频波形效果，如图 7-10（b）所示。

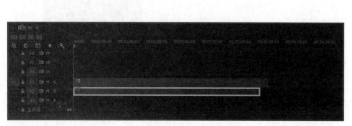
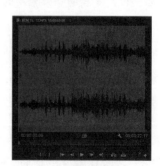

（a）选择需要调整的音频素材　　　　　　　　　　　　　　（b）音频波形效果

图 7-10　调整音频

(2) 执行"剪辑|音频选项|音频增益"命令，打开"音频增益"对话框，如图7-11所示。然后单击"将增益设置为"选项，使其处于设置状态，再将鼠标移动到后面的设置数值上，当指针变为手形标记时，按下鼠标左键并左右拖动鼠标，此时增益值将被改变，如图7-12所示。

(3) 设置完成后单击"确定"按钮，此时在"源"面板中可以查看处理后的音频波形效果，如图7-13所示。

图7-11 "素材增益"对话框

图7-12 改变增益数值

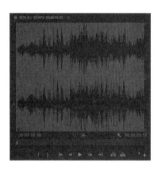
图7-13 查看处理后的音频波形效果

7.3.3 音频素材的音量控制

音频素材的音量可以通过以下两种方法来控制。

方法一：在"时间轴"面板中选择需要调整音量的音频素材（此时选择的是"A1"轨道中的"01.MP3"），然后进入"效果控件"面板，展开"音量"选项，接着通过调节"级别"的数值来控制音频素材的音量，如图7-14所示。

方法二：在"时间轴"面板中选择需要调整音量的音频素材（此时选择的是"A1"轨道中的"01.MP3"），然后单击音频轨道上的 （显示关键帧）按钮，从弹出的快捷菜单中选择"轨道关键帧|音量"命令，如图7-15所示。接着通过单击 （添加-移除关键帧）按钮，为音频轨道添加关键帧，再通过拖动关键帧位置的方式即可控制音频素材的音量，如图7-16所示。

图7-14 通过调节"级别"的数值来控制音频素材的音量

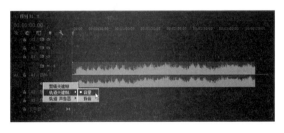
图7-15 选择"音量"命令

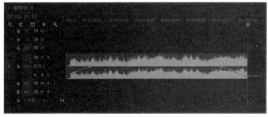
图7-16 通过拖动关键帧位置的方式控制音频素材的音量

7.4 使用"音轨混合器"面板

使用"音轨混合器"面板可以对音频素材的播放效果进行编辑和实时控制。执行"窗口|音轨混合器"命令，调出"音轨混合器"面板，如图7-17所示。

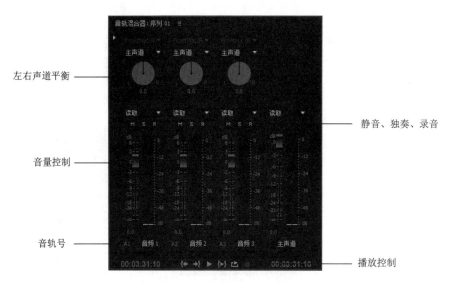

图 7-17 "音轨混合器"面板

该面板的主要参数解释如下:
- 左右声道平衡:将该按钮向左转用于控制左声道,向右转用于控制右声道,也可以在按钮下面的数值栏中直接输入数值来控制左右声道,如图 7-18 所示。
- 音量控制:将滑块向上拖动,可以调节音量的大小,旁边的刻度用来显示音量值,单位是 dB,如图 7-19 所示。
- 音轨号:对应着"时间轴"面板中的各个音频轨道。如果在"时间轴"面板中添加一条音频轨道,则在"音轨混合器"面板中也会显示出相应的音轨号。

图 7-18 左右声道平衡

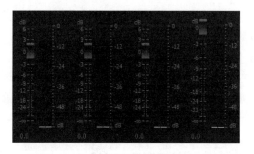

图 7-19 音量控制

- 静音、独奏、录音:激活 ■(静音)按钮,可以产生静音效果;激活 ■(独奏)按钮,可以使其他音频轨道上的音频成静音效果,而只播放当前音频片段;激活 ■(录音)按钮,可以进行录音控制,如图 7-20 所示。
- 播放控制:该栏按钮包括 ■(跳转到入点)、■(跳转到出点)、■(播放-停止切换)、■(播放入点到出点)、■(循环)和 ■(录制)6 个按钮,如图 7-21 所示。通过这些按钮可以方便的对音频素材进行相关的操作。

图 7-20 静音、独奏、录音控制

图 7-21 播放控制按钮

7.5 分离和链接视音频

在进行视频编辑的过程中，经常需要将"时间轴"面板中的视音频链接素材中的视频和音频进行分离，或者将各自独立的视频和音频素材进行链接。

1．分离视音频

分离视音频的具体操作步骤如下：
（1）在"时间轴"面板中选择要分离视音频的素材。
（2）右击，从弹出的快捷菜单中选择"取消链接"命令，即可将选定素材的视音频进行分离。

2．链接视音频

（1）在"时间轴"面板中同时选择要进行链接的视频和音频。
（2）右击，从弹出的快捷菜单中选择"链接"命令，即可将视频和音频链接在一起。

7.6 音频过渡与音频效果

在制作影片的过程中，为音频素材添加音频过渡效果或音频效果，能够使音频素材间的连接更为自然、融洽，从而提高影片的整体质量。

7.6.1 应用音频过渡

与先前所介绍的视频切换效果相同，Premiere Pro CC 2018将音频过渡也集中在"效果"面板中。在"效果"面板中展开"音频过渡"文件夹中的"交叉淡化"文件夹，即可看到Premiere Pro CC 2018内置的"恒定功率"、"恒定增益"和"指数淡化"3种音频过渡效果，如图7-22所示。

在同一轨道中的两个音频之间可以添加一个音频过渡效果，默认的是"恒定功率"音频过渡，它可以使音频素材以逐渐减弱的方式过渡到下一个音频素材。而"恒定增益"音频过渡则可以使音频素材以逐渐增强的方式进行过渡；"指数淡化"视频过渡则可以使音频素材以指数的淡入/淡出方式进行过渡。

应用音频过渡的具体操作步骤如下：
（1）将两个音频素材拖入"时间轴"面板的同一轨道中，并首尾相接，如图7-23所示。

图7-22 "音频过渡"文件夹

图7-23 将两个音频素材拖入"时间轴"面板的同一轨道中

（2）在"效果"面板中展开"音频过渡"文件夹中的"交叉淡化"文件夹，从中选择所需的音频过渡（此时选择的是"恒定功率"）。然后将其拖到"02.MP3"的开始处，即可完成音频过渡的添加，此时"时间轴"面板如图7-24所示。

（3）在"时间轴"面板中选择添加的"恒定功率"音频过渡，然后进入"效果控件"面板可以调整音频过渡的持续时间如图7-25所示。

图 7-24 将"恒量功率"音频效果拖到素材上

图 7-25 设置音频过渡的持续时间

7.6.2 应用音频效果

音频效果的作用与视频效果一样,主要用来创作特殊的音频效果,Premiere Pro CC 2018将音频效果集中在"效果"面板的"音频效果"文件夹中,如图7-26所示。

下面介绍音频效果中比较常见的几种特效:

- 多功能延迟:用于产生多重延迟效果,可以对音频素材中的原始音频添加多达4次回声。
- 模拟延迟:用于模拟回想类音频的回声延迟效果。
- 用右侧填充左侧:用于将右声道中的音频信号复制并替换左声道中的音频信号。
- 用左侧填充右侧:用于将左声道中的音频信号复制并替换右声道中的音频信号。
- 低通:用于删除高于指定频率界限的频率。
- 低音:用于产生低音效果,允许增加或减少较低的频率(等于或低于200Hz)。
- 平衡:用于平衡音频素材内的左右声道。
- 静音:用于左右声道的静音效果。
- 简单的参数均衡:用于增大或减小与指定中心频率接近的频率。
- 室内混响:用于模拟会议大厅的声音效果。
- 延迟:用于产生延迟效果,可以设置原始声音和回声之间的时间,最大可设置为2秒。
- 音量:在编辑影片的过程中,如果要在标准特效之前渲染音量,则应当使用"音量"音频效果代替默认的音量调整选项。"音量"音频效果可以提高音频电平而不被修剪,只有当信号超过硬件允许的动态范围时才会出现修剪,这时往往导致失真的音频。正值表示增加音量,而负值表示减小音量。
- 音高换挡器:用于调节声音的加速或减速效果,比如模拟声音断电时的效果。
- 高通:用于删除低于指定频率界限的频率。
- 高音:用于产生高音效果,允许增加或减少较高的频率(4 000Hz或更高)。

图 7-26 "音频效果"文件夹中的特效

应用音频效果的方法和应用视频效果的方法相同,只要将音频效果拖到"时间轴"面板中相应的音频素材上即可。

7.7 实例讲解

本节将通过"制作耳机播放音乐效果"、"制作音频断电效果"、"制作旧电台的播音效果"、"制作快速统一音量效果"、"制作左右声道互换效果"、"制作打电话的声音效果"和"制作水中声音效果"7个实例来讲解在Premiere Pro CC 2018编辑音频的应用。

7.7.1 制作耳机播放音乐效果

要点

本例将制作一个耳机播放音乐效果。通过本例的学习,读者应掌握"高通"音频特效的应用。

视频
7.7.1 制作耳机播放音乐效果

操作步骤

(1) 启动Premiere Pro CC 2018,执行"文件|新建|项目(快捷键是【Ctrl+Alt+N】)命令,新建一个名称为"耳机播放的音乐效果"的项目文件。

(2) 导入素材。执行"文件|导入"命令,导入资源素材中的"素材及结果\7.7.1 制作耳机播放的音乐效果\声音素材.mp3"文件,如图7-27所示。

(3) 将"项目"面板中的"声音素材.mp3"拖到"时间轴"面板,然后按【\】键,将其在时间轴中最大化显示,如图7-28所示。

(4) 按空格键进行预览,即可听到音乐正常播放的声音。

(5) 将正常播放的音乐声音处理为耳机播放的声音效果。在"效果"面板搜索栏中输入"高通",如图7-29所示,然后将"高通"音频特效拖到"时间轴"面板A1轨道的"声音素材.mp3"素材上。

图7-27 导入素材

图7-28 将"声音素材.mp3"在时间轴中最大化显示

图7-29 输入"高通"

(6) 按空格键进行预览,此时即可听到耳机播放的音乐效果了。

(7) 至此,耳机播放音乐效果制作完毕。执行"文件|项目管理"命令,将文件打包。然后执行"文件|导出|媒体"(快捷键【Ctrl+M】)命令,将其输出为"耳机播放的音乐效果.mp4"文件。

7.7.2 制作音频断电效果

要点

本例将制作一个音频断电效果。通过本例的学习,读者应掌握"音高换挡器"音频特效的应用。

视频
7.7.2 制作音频断电效果

操作步骤

(1) 启动Premiere Pro CC 2018,执行"文件|新建|项目(快捷键是【Ctrl+Alt+N】)命令,新建

- 253 -

一个名称为"音频断电效果"的项目文件。

（2）导入素材。执行"文件|导入"命令，导入资源素材中的"素材及结果\7.7.2制作音频断电效果\声音素材.mp3"文件，如图7-30所示。

（3）将"项目"面板中的""声音素材.mp3"拖到"时间轴"面板，然后按【\】键，将其在时间轴中最大化显示，如图7-31所示。

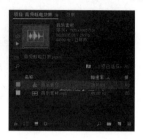
图 7-30　导入素材

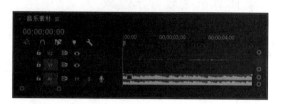
图 7-31　将"声音素材.mp3"在时间轴中最大化显示

（4）按空格键进行预览，即可听到音乐正常播放的声音。

（5）将音乐的后半段处理为断电时的声音效果。在"效果"面板搜索栏中输入"音高换档器"，如图7-32所示。然后将"音高换档器"音频特效拖到"时间轴"面板A1轨道的"声音素材.mp3"素材上。接着在"效果控件"面板的"音高换档器"特效中单击■■■■编辑■■■■按钮，如图7-33所示，再在弹出的对话框中将"预设"设置为"（默认）"，如图7-34所示。最后单击右上角的■按钮，关闭对话框。

图 7-32　输入"音高换档器"

图 7-33　单击■■■■■■■按钮

图 7-34　将"预设"设置为"（默认）"

（6）将时间定位在00:00:04:00的位置，然后展开"音高换档器"特效的"各个参数"选项，再记录一个"变调比率"的关键帧，如图7-35所示。接着将时间定位在00:00:05:00的位置，展开"变调比率"，将其数值调到最小（数值为0.50），如图7-36所示。最后将时间定位在00:00:04:10的位置，将"变调比率"的数值设置为1.30，如图7-37所示。

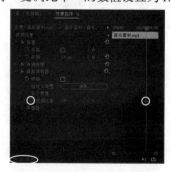
图 7-35　在00:00:04:00的位置记录一个"变调比率"的关键帧

图 7-36　在00:00:05:00的位置将"变调比率"的数值设置为0.50

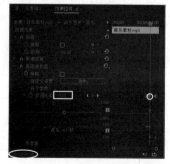
图 7-37　在00:00:04:10的位置将"变调比率"的数值设置为1.30

（7）按空格键进行预览，就可以听到在音乐的后半段产生了一种类似于断电时的声音效果。

（8）至此，音频断电效果制作完毕。执行"文件|项目管理"命令，将文件打包。然后执行"文件|导出|媒体"（快捷键【Ctrl+M】）命令，将其输出为"音频断电效果.mp4"文件。

7.7.3 制作旧电台的播音效果

7.7.3 制作旧电台的播音效果

要点

本例将制作一个旧电台的播音效果。通过本例的学习，读者应掌握"基本声音"面板的应用。

操作步骤

（1）启动Premiere Pro CC 2018，执行"文件|新建|项目（快捷键是【Ctrl+Alt+N】）"命令，新建一个名称为"旧电台的播音效果"的项目文件。接着新建一个预设为"ARRI 1080p 25"的"序列01"序列文件。

（2）导入素材。执行"文件|导入"命令，导入资源素材中的"素材及结果\7.7.3制作旧电台的播音效果\声音素材.mp3"文件，如图7-38所示。

（3）将"项目"面板中的"声音素材.mp3"拖到"时间轴"面板的A1轨道，入点为00:00:00:00，然后按【\】键，将其在时间轴中最大化显示，如图7-39所示。

（4）按空格键进行预览，即可听到人正常说话的声音。

图7-38 导入素材

（5）将人正常说话的声音处理成旧电台的播音效果。执行"窗口|基本声音"命令，调出"基本声音"面板，如图7-40所示。然后在"基本声音"面板中单击 对话 按钮，勾选"EQ"复选框，再将"预设"设置为"旧电台"，如图7-41所示。

图7-39 将"素材.mp4"和"声音素材.mp3"在时间轴中最大化显示

图7-40 调出"基本声音"面板

图7-41 设置"对话"参数

（6）按空格键进行预览，此时人正常说话的声音就变为了旧电台的播音效果了。

（7）至此，整个大喇叭广播效果制作完毕。执行"文件|项目管理"命令，将文件打包。然后执行"文件|导出|媒体"（快捷键【Ctrl+M】）命令，将其输出为"旧电台的播音效果.mp4"文件。

7.7.4 制作快速统一音量效果

7.7.4 制作快速统一音量效果

要点

本例将对4段不同音量的声音处理为统一音量的效果。通过本例的学习，读者应掌握"基本声音"面板的应用。

操作步骤

（1）启动Premiere Pro CC 2018，执行"文件|新建|项目（快捷键是【Ctrl+Alt+N】）"命令，新建一个名称为"统一音量效果"的项目文件。

（2）导入素材。执行"文件|导入"命令，导入资源素材中的"素材及结果\7.7.4制作快速统一音量效果\声音素材1.mp3～声音素材4.mp3"和"视频素材.mp4"文件，如图7-42所示。接着新建一个预设为"ARRI 1080p 25"的"序列01"序列文件。

（3）在"项目"面板中依次选择"声音素材1.mp3～声音素材4.mp3"，然后将它们拖到"时间轴"面板，接着按【\】键，将整体素材在时间轴中最大化显示，如图7-43所示。

 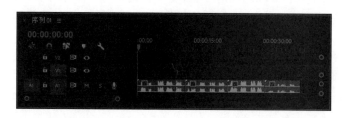

图7-42 导入素材　　　　图7-43 将"声音素材1.mp3～声音素材4.mp3"在时间轴中最大化显示

（4）按空格键进行预览，可以听到这4段音频是毛主席写的《沁园春.雪》的朗诵，但是每段音频的音量是不同的。

（5）将4段不同音量的音频处理为统一的音量。执行"窗口|基本声音"命令，调出"基本声音"面板。然后同时选择"时间轴"面板A1轨道上的4段音频素材，在"基本声音"面板中单击 按钮，如图7-44所示，接着展开"响度"参数，单击 按钮，如图7-45所示。

图7-44 单击 按钮　　　　　　　　　图7-45 单击 按钮

（6）按空格键进行预览，就可以听到4段音频素材统一的音量效果了。

（7）将"项目"面板中的"视频素材.mp4"拖到"时间轴"面板的V1轨道上，入点为

00:00:00:00，此时"时间轴中"面板如图7-46所示。

图7-46 "时间轴中"面板

（8）至此，音频断电效果制作完毕。执行"文件|项目管理"命令，将文件打包。然后执行"文件|导出|媒体"（快捷键【Ctrl+M】）命令，将其输出为"统一音量效果.mp4"文件。

7.7.5 制作左右声道互换效果

7.7.5 制作左右声道互换效果

要点

本例将制作一段音乐的左右声道互换效果。通过本例的学习，读者应掌握"静音"音频效果的应用。

操作步骤

（1）启动Premiere Pro CC 2018，执行"文件|新建|项目（快捷键是【Ctrl+Alt+N】）命令，新建一个名称为"左右声道互换效果"的项目文件。

（2）导入素材。执行"文件|导入"命令，导入资源素材中的"素材及结果\7.7.5制作左右声道互换效果\声音素材.mp3文件，如图7-47所示。

（3）将"项目"面板中的"声音素材.mp3"拖到"时间轴"面板，接着按【\】键，将整体素材在时间轴中最大化显示，如图7-48所示。

 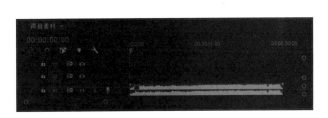

图7-47 导入素材　　图7-48 将"声音素材1.mp3～声音素材4.mp3"在时间轴中最大化显示

（4）按空格键进行预览，可以听到这是一段双声道的的背景音乐。

（5）将双声道的的背景音乐处理为左右声道互换效果。在"效果"面板搜索栏中输入"静音"，如图7-49所示，然后将"静音"音频特效拖到A1轨道中"声音素材.mp3"的素材上。

（6）将时间定位在00:00:00:00的位置，然后在"效果控件"面板的"静音"特效中将"静音1"的音量设置为1.0，此时音乐的左声道就为静音效果了。接着分别记录一个"静音1"和"静音2"的关键帧，如图7-50所示。

（7）将时间定位在00:00:05:00的位置，然后在"效果控件"面板的"静音"特效中将"静音1"的音量设置为0.0，"静音2"的数值设置为1.0，如图7-51所示，此时音乐的右声道就为静音效果了。接着按空格键预览，就可以听到音乐从左声道切换到右声道的效果了。

（8）制作音乐左右声道重复互换的效果。在"效果控件"面板中选择"静音"音频特效所有的关键帧，然后按【Ctrl+C】组合键进行复制，接着将时间定位在00:00:10:00的位置，按【Ctrl+V】组合键进行粘贴，如图7-52所示。此时按空格键预览，就可以听到音乐左右声道重复互换的效果了。

图 7-49 输入"静音"

图 7-50 记录一个"静音 1"和"静音 2"的关键帧

图 7-51 记录一个"静音 1"和"静音 2"的关键帧

图 7-52 在 00:00:10:00 的位置粘贴关键帧

（9）至此，左右声道互换效果制作完毕。执行"文件|项目管理"命令，将文件打包。然后执行"文件|导出|媒体"（快捷键【Ctrl+M】）命令，将其输出为"左右声道互换效果.mp4"文件。

7.7.6 制作打电话的声音效果

7.7.6 制作打电话的声音效果

要点

本例将把一段人正常说话的声音处理为电话中的声音效果。通过本例的学习，读者应掌握"基本声音"面板的应用。

操作步骤

（1）启动 Premiere Pro CC 2018，执行"文件|新建|项目（快捷键是【Ctrl+Alt+N】）"命令，新建一个名称为"打电话声音效果"的项目文件。

（2）导入素材。执行"文件|导入"命令，导入资源素材中的"素材及结果\7.7.6 制作打电话的声音效果\电话呼叫声音.mp3～声音素材4.mp3"、"电话挂断声音.mp3"、"电话声音.mp3"和"视频素材.mp4"文件，如图7-53所示。接着新建一个预设为"ARRI 1080p 25"的"序列01"序列文件。

（3）将"项目"面板中的"视频素材.mp4"拖到"时间轴"面板的V1轨道上，然后按【\】键，将其在时间轴中最大化显示，如图7-54所示。

（4）按空格键进行预览，可以听看到这是一段人物接听电话的视频，如图7-55所示。

图 7-53 导入素材

（5）将"项目"面板中的"电话呼叫声音.mp3"拖到"时间轴"面板的A1轨道上，入点为

00:00:00:00，此时"时间轴"面板如图7-56所示。

（6）将时间定位在00:00:03:10的位置，然后将"项目"面板中的"电话声音.mp3"拖到"时间轴"面板的A1轨道上，入点为00:00:03:10，此时"时间轴"面板如图7-57所示。

图7-54 将"视频素材.mp4"在时间轴中最大化显示

图7-55 人物接听电话的视频

 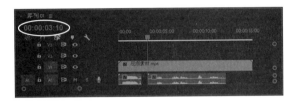

图7-56 将"电话呼叫声音.mp3"拖到A1轨道上，入点为00:00:00:00

图7-57 将"电话声音.mp3"拖到A1轨道上，入点为00:00:03:10

（7）将"项目"面板中的"电话挂断声音.mp3"拖到"时间轴"面板的A1轨道上，并与"电话声音.mp3"素材首尾相接，此时"时间轴"面板如图7-58所示。

（8）按空格键预览，就可以听到与视频画面相对应的电话呼叫声、电话声音和电话挂断声音。

（9）此时这3段音频素材的音量是不同的，下面将这3段音频素材的音量处理为统一的音量效果。执行"窗口|基本声音"命令，调出"基本声音"面板。然后同时选择"时间轴"面板A1轨道上的3段音频素材，在"基本声音"面板中单击 对话 按钮，如图7-59所示，接着展开"响度"参数，单击 自动匹配 按钮，如图7-60所示。

图7-58 "时间轴"面板　　图7-59 单击 对话 按钮　　图7-60 单击 自动匹配 按钮

（10）按空格键预览，就可以听到3段音频素材统一的音量效果了，但是此时这些音频素材的声音是正常的声音效果，下面将这些正常的声音处理为电话传出来的声音效果。在"基本声音"面板中将"预设"设置为"电话中"，如图7-61所示。然后按空格键预览，就可以听到电话传出来的声音效果了。

（11）此时这3段音频素材的音量偏高了，下面在"基本声音"面板中将"剪辑音量"的"级别"设置为"-10.0"分贝，如图7-62所示。然后按空格键预览，就可以听到正常的电话声音效果了。

图 7-61　将"预设"设置为"电话中"　　　　图 7-62　将"级别"设置为"-10.0"分贝

（12）至此，打电话的声音效果制作完毕。执行"文件|项目管理"命令，将文件打包。然后执行"文件|导出|媒体"（快捷键【Ctrl+M】）命令，将其输出为"打电话的声音效果.mp4"文件。

• 视　频

7.7.7　制作水中声音效果

7.7.7　制作水中声音效果

要　点

本例将制作一个水中沉闷的声音效果。通过本例的学习，读者应掌握"低通"音频特效的应用。

操作步骤

（1）启动 Premiere Pro CC 2018，执行"文件|新建|项目（快捷键是【Ctrl+Alt+N】）命令，新建一个名称为"水中声音效果"的项目文件。接着新建一个预设为"ARRI 1080p 25"的"序列01"序列文件。

（2）导入素材。执行"文件|导入"命令，导入资源素材中的"素材及结果\7.7.7制作水中声音效果\素材.mp4"和"水中声音.mp3"文件，如图 7-63 所示。

（3）将"项目"面板中的"素材.mp4"拖到"时间轴"面板的 V1 轨道上，入点为 00:00:00:00。然后按【\】键，将它们在时间轴中最大化显示，如图 7-64 所示。

（4）按空格键进行预览，即可看到这段视频是从海面切换到潜水员潜入到海水中的效果，如图 7-65 所示。

图 7-63　导入素材

图 7-64　将"素材.mp4"在时间线中最大化显示

图 7-65　视频效果

（5）将潜水员潜入水中的声音处理为沉闷的水中声音效果。在"效果"面板搜索栏中输入"低通"，如图 7-66 所示。然后将"低通"音频效果拖到"时间轴"面板 A1 轨道上，接着将时间定位在 00:00:05:10 的位置（潜水员潜入到海水中的前一帧），在"效果控件"面板"低通"中将"屏蔽度"的数值设置为最大 237700.0，并记录一个"屏蔽度"的关键帧，如图 7-67 所示。最后将时间移动到 00:00:05:11 的位置（潜水员潜入到海水中的第一帧），再将"屏蔽度"的数值设置为 1000.0，如图 7-68 所示。

提示

"屏蔽度"的数值越小，声音会越沉闷。

  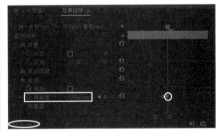

图 7-66　输入"低通"　　图 7-67　在 00:00:05:10 的位置将　　图 7-68　在 00:00:05:11 的位置将"屏蔽
　　　　　　　　　　　　　"屏蔽度"的数值设置为最大 237700.0，　　　　度"的数值设置为 1000.0
　　　　　　　　　　　　　并记录一个"屏蔽度"的关键帧

（6）按空格键进行预览，此时可以听到潜水员潜入海水前后的声音变化了。

（7）为了使潜水员潜入水中的声音效果更加真实，下面添加一个水中气泡声音效果。将"项目"面板中的"气泡声音.mp3"拖入 A2 轨道，入点为 00:00:05:10，如图 7-69 所示。然后按空格键进行预览，就可以听到潜水员潜入水中后伴随着气泡声音的沉闷的水中声音效果了。

（8）至此，整个水中声音效果制作完毕。执行"文件|项目管理"命令，将文件打包。然后执行"文件|导出|媒体"命令，将其输出为"水中声音效果.mp4"文件。

图 7-69　将"气泡声音.mp3"拖入 A2 轨道，入点为 00:00:05:10

课后练习

一、填空题

1. 在"时间轴"面板中选择要分离视音频的素材。右击，从弹出的快捷菜单中选择_____命令，即可将选定素材的视音频进行分离。
2. Premiere Pro CC 2018 的音量控制单位是_____。

二、选择题

1. 下列（　　）属于 Premiere Pro CC 2018 中的音频过渡类型。
   A. 持续声量　　　　　　B. 恒定增益　　　　　C. 恒定功率　　　　　D. 指数淡化
2. 导入音频素材的关键是（　　）。
   A. Ctrl+D　　　　　　　B. Ctrl+E　　　　　　C. Ctrl+I　　　　　　D. Ctrl+V

三、问答题/上机题

1. 简述分离和链接视音频的方法。
2. 简述添加音频过渡的方法。
3. 简述添加音频效果的方法。
4. 利用"室内混响"音频效果，将资源素材中的"课后练习\第7章\练习1\声音素材.mp4"处理为会议大厅中的声音效果。
5. 利用"音频换挡器"和"模拟延迟"音频效果，将资源素材中的"课后练习\第7章\练习2\素材.mp4"处理为机器人的变声效果。

第8章 视频影片的输出

当视频、音频素材编辑完成后,接下来就可对编辑好的项目进行输出,将其发布为最终作品。将项目文件编辑好之后,针对不同的要求,Premiere Pro CC 2018提供了媒体、Adobe剪辑注释、字幕、输出到磁带、输出到EDL(L)和输出为OMF等几种输出设置,以输出不同的文件类型。通过本章学习,读者应掌握以下内容:

- 掌握输出影片的方法;
- 掌握输出单帧画面的方法;
- 掌握单独输出音频的方法。

8.1 输出影片

在影片编辑完成后,通过菜单中的"导出"命令和"Adobe Media Encoder"软件,可以将在"时间轴"面板中编辑好的内容输出为完整的影片。具体操作步骤如下:

(1)在"时间轴"面板中对素材进行编辑后,执行"文件|导出|媒体"(快捷键【Ctrl+M】)命令,弹出"导出设置"对话框,如图8-1所示。

图8-1 "导出设置"对话框

"导出设置"对话框中主要参数的含义如下:

- 源范围：在右侧下拉列表中可以根据需要选择输出影片的时间范围，如图8-2所示。在实际工作中通常使用的是"整个序列"或者"序列切入/序列切出"这两个选项。
- 格式：在右侧的下拉列表中可以根据需要选择要输出的文件格式，如图8-3所示。通常选择的是"H.264"，这种格式输出的文件后缀为.mp4。
- 预设：在右侧的下拉列表中可以选择软件预设的文件导出格式，如图8-4所示。通常保持默认的"匹配源-高比特率"。

图8-2 "源范围"下拉列表　　图8-3 "格式"下拉列表　　图8-4 "预设"下拉列表

- 输出名称：用于设置输出文件的名称，默认显示的是当前要输出序列的名称。如果要重命名输出文件的名称，可以在右侧名称上单击，然后在弹出的图8-5所示的"另存为"对话框中进行重新设置输出文件保存的路径和名称。

图8-5 "另存为"对话框

- 导出视频：勾选该复选框，将导出视频。
- 导出音频：勾选该复选框，将导出音频。
- 基本视频设置：用于设置影片的尺寸、帧速率和场类型等参数，如图8-6所示。此时默认输出视频的"宽度"和"高度"为1 920*1 080像素。如果要修改输出尺寸，可以取消勾选"宽度"和"高度"后面的复选框，然后重新输入"宽度"和"高度"，如图8-7所示；如果只想输出当前序列的视频尺寸，可以单击 按钮即可。

图8-6 "基本视频设置"选项组

图8-7 重新输入"宽度"和"高度"

- 比特率设置：用于设置输出影片的品质，如图8-8所示。默认"目标比特率"为10，此时输出的视频为高清。如果只想输出一个小样，可以将"目标比特率"设为2～5，"目标比特率"设置的数值越小，输出的文件尺寸越小。

(2) 设置完成后单击"导出"按钮，即可导出文件。

图8-8 "比特率设置"选项组

8.2 输出单帧画面

有时在输出项目文件时，需要将项目中的某一帧画面输出为静态图片文件，例如对影片项目中设置出的视频效果画面进行取样等。输出单帧画面具体操作步骤如下：

(1) 创建一个新项目，然后在"时间轴"面板中对素材进行编辑后，将时间滑块拖动到需要输出的帧的位置（此时为00:00:42:10处），如图8-9所示。

(2) 在"节目"面板中预览目前帧的画面，确定需要输出的内容画面，如图8-10所示。

图8-9 时间线拖动到需要输出的帧的位置

图8-10 在"节目"面板中预览目前帧的画面

(3) 在"节目"面板中单击下方工具按钮中的 （导出单帧）按钮，然后在弹出的图8-11所示的"导出单帧"对话框的"名称"右侧输入要导出的单帧图片的名称，再在"格式"右侧下拉列表中选择一种要导出的图片格式，单击 按钮，从弹出的对话框中设置要导出图片的路径，最后单击"确定"按钮，即可导出单帧图像。

图8-11 "导出单帧"对话框

8.3 单独输出音频

通过Premiere Pro CC 2018，除了可以将项目文件输出为影片文件和单帧图片外，还可以将项目片断中的音频部分单独输出为所要类型的音频文件。具体操作步骤如下：

（1）在一个编辑好音频内容的项目文件中，执行"文件|导出|媒体"命令，然后在弹出的"导出设置"对话框的"格式"下拉列表中选择"mp3"，如图8-12所示。

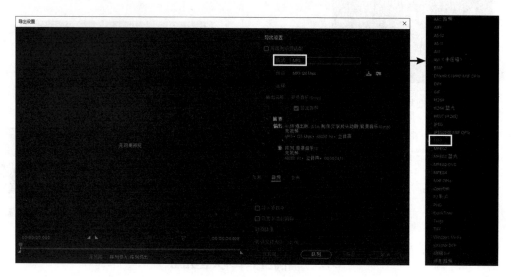

图 8-12　选择"mp3"

（2）设置好"输出名称"选项，单击"导出"按钮，即可将编辑好的音频文件输出。

课后练习

1. 简述输出影片的方法。
2. 简述输出单帧画面的方法。
3. 简述单独输出视频的方法。

综合实例 第9章

本章重点

通过前面8章的学习,读者已经掌握了Premiere Pro CC 2018相关的基础知识。本章将综合利用前面8章的知识,制作3个综合实例。通过本章的学习,读者应能够独立完成相关的剪辑操作。
- 制作手掌X光的扫描效果;
- 制作光芒文字效果;
- 制作片头滚动字幕效果。

9.1 制作手掌X光的扫描效果

9.1 制作手掌X光的扫描效果

要点

本例将制作一个手机扫描的手掌X光的效果,如图9-1所示。通过本例的学习,读者应掌握Photoshop中"操控变形"命令,premiere中的导出静止帧、"超级键"和"色彩"视频特效的应用。

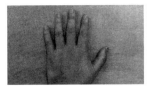 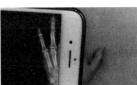 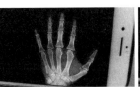 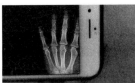

图9-1 放大镜的放大效果

操作步骤

(1)启动Premiere Pro CC 2018,执行"文件|新建|项目"(快捷键是【Ctrl+Alt+N】)命令,新建一个名称为"手掌X光的扫描效果"的项目文件。接着新建一个预设为"ARRI 1080p 25"的"序列01"序列文件。

(2)导入素材。执行"文件|导入"命令,导入资源素材中的"素材及结果\9.1 制作手掌X光的扫描效果\素材.mp4"文件,接着在"项目"面板下方单击▦(图标视图)按钮,将素材以图标视图的方式进行显示,如图9-2所示。

(3)将"项目"面板中的"素材.mp4"拖到"时间轴"面板的V2轨道中,入点为00:00:00:00,然后按【\】键,将其在时间轴中最大化显示,如图9-3所示。

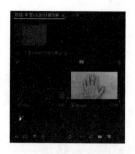

图 9-2 导入"素材.mp4"

图 9-3 将"素材.mp4"拖入"时间轴"面板并在时间轴中最大化显示

（4）按空格键预览，可以看到这是一段用蓝屏手机拍摄手的视频，如图9-4所示。

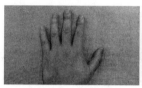

图 9-4 预览效果

（5）将时间移动到00:00:00:00的位置，然后在"节目"监视器下方单击 （导出帧）按钮，如图9-5所示，接着在弹出的"导出帧"对话框中将导出帧的"名称"设置为"参考"，"格式"设置为"JPEG"，"路径"设置为"D："，如图9-6所示，单击"确定"按钮。

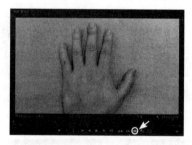

图 9-5 单击 （导出帧）按钮　　　　　图 9-6 设置"导出帧"参数

（6）启动Photoshop CC 2018，执行"文件|打开"命令，打开前面保存的"参考.jpg"图片，接着执行"文件|置入嵌入的对象"命令，导入资源素材中的"素材及结果\9.1 制作手掌X光的扫描效果\手掌.jpg"文件，再在"图层"面板中将"不透明度"设置为50%，效果如图9-7所示。最后调整一下置入图片的大小和角度，使之与背景中的手掌大体匹配，如图9-8所示，再按【Enter】键确认操作。

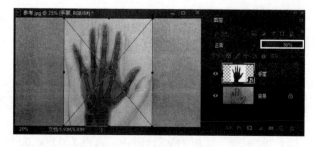

图 9-7 置入图片并将"不透明度"设置为50%　　　图 9-8 调整图片使之与背景中的手掌大体匹配

(7) 利用"操控变形"命令将手掌骨骼与手掌进行匹配。执行"编辑|操控变形"命令，然后在 5 个手指骨骼的关节处和手掌上添加图钉，如图 9-9 所示。接着通过调整图钉的位置使手掌的骨骼与手掌尽量匹配，如图 9-10 所示。最后按【Enter】键确认操作。

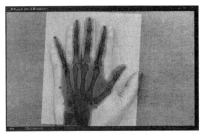
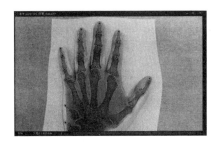

图 9-9　在 5 个手指骨骼的关节处添加图钉　　图 9-10　调整图钉的位置使手掌的骨骼与手掌尽量匹配

(8) 在"图层"面板下方单击 ▣（创建新图层）按钮，新建"图层 1"层，然后按【Ctrl+Delete】组合键，用背景色的白色填充图层，接着将其移动到"手掌"层的下方，如图 9-11 所示。最后将"手掌"层的"不透明度"恢复为 100%，此时可以看到手掌四周会出现多余的灰色区域，如图 9-12 所示。

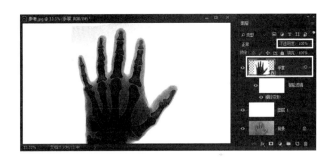

图 9-11　用白色填充"图层 1"，并将
　　　　　其移动到"手掌"层的上下方　　　　图 9-12　将"手掌"层的"不透明度"恢复为 100%

(9) 去除手掌四周多余的灰色。右击"手掌"层，从弹出的快捷菜单中选择"栅格化图层"命令，然后选择"手掌"层，利用工具箱中的 ▣（魔棒工具）在"手掌"的灰色区域单击，从而创建出灰色区域的选区。接着按【Delete】键删除选区中的灰色，效果如图 9-13 所示。

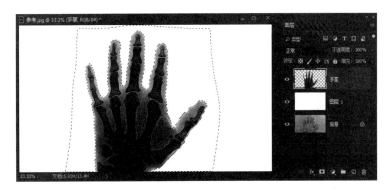

图 9-13　按【Delete】键删除选区中的灰色

（10）按【Ctrl+D】组合键，取消选区。

（11）执行"文件|导出|导出为"命令，然后在弹出的"导出为"对话框中将导出"格式"设置为"JPEG"，如图 9-14 所示，单击 全部导出... 按钮。接着在弹出的"导出"对话框中将导出的"文件名"设置为"纠正"，如图 9-15 所示，单击 保存(S) 按钮。

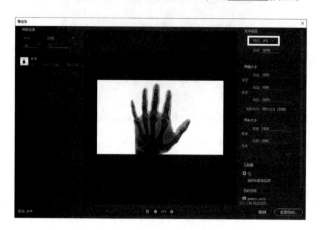 

图 9-14 将导出"格式"设置为"JPEG"　　　　图 9-15 将导出的"文件名"设置为"纠正"

（12）回到 Premiere Pro CC 2018，执行"文件|导入"命令，导入资源素材中的"素材及结果\9.1 制作手掌 X 光的扫描效果\纠正.jpg"文件，接着将其拖入"时间轴"面板的 V1 轨道中，入点为 00:00:00:00，出点与 V2 轨道的素材等长，如图 9-16 所示。

图 9-16 将"纠正.jpg"拖入 V1 轨道并将其设置为与 V2 轨道等长

（13）对手机蓝色屏幕进行抠像处理。将时间定位在手机扫描手掌的大体位置（此时时间定位在 00:00:04:13 的位置），如图 9-17 所示，然后在"效果"面板搜索栏中输入"超级键"，如图 9-18 所示。接着将"超级键"视频特效拖到 V2 轨道中的"素材.mp4"上，再在"效果控件"面板"超级键"中单击"主要颜色"后面的 工具，如图 9-19 所示，最后在"节目"监视器手机蓝色屏幕的位置单击，即可抠去手机屏幕上的蓝色，从而显示出下方 V1 轨道上的手掌骨骼图片，如图 9-20 所示。

图 9-17 将时间定位在 00:00:04:13 的位置　　　　图 9-18 在"效果"面板搜索栏中输入"超级键"

图9-19 单击"主要颜色"后面的 工具

图9-20 抠去手机屏幕上的蓝色的效果

（14）制作手掌骨骼呈现出X光的扫描效果。在"效果"面板搜索栏中输入"色彩"，然后将"色彩"视频特效拖到V1轨道中的"纠正.jpg"上，再在"效果控件"面板中将"将黑色映射到"颜色设置为白色，"将白色映射到"颜色设置为一种X光的蓝绿色（RGB的数值为（0，60，80）），如图9-21所示，效果如图9-22所示。

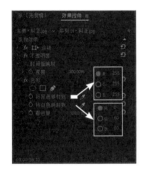

图9-21 设置"色彩"参数

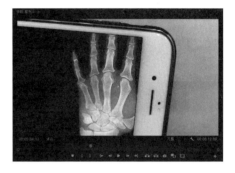

图9-22 设置"色彩"参数后的效果

（15）按空格键进行预览。

（16）至此，整个手掌X光的扫描效果制作完毕。执行"文件|项目管理"命令，将文件打包。然后执行"文件|导出|媒体"（快捷键【Ctrl+M】）命令，将其输出为"手掌X光的扫描效果.mp4"文件。

9.2 制作光芒文字效果

9.2 制作光芒文字效果

要点

本例将制作一个光芒文字效果，如图9-23所示。通过本例的学习，读者应掌握导入图像序列、 (文字工具)、"嵌套"和"帧定格"命令、"轨道遮罩键"视频特效和"混合模式"的应用。

图9-23 光芒文字效果

操作步骤

1. 导入素材

（1）启动 Premiere Pro CC 2018，执行"文件|新建|项目"（快捷键是【Ctrl+Alt+N】）命令，新建一个名称为"片尾效果"的项目文件。接着新建一个预设为"ARRI 1080p 25"的"序列01"序列文件。

（2）导入视频和音频素材。执行"文件|导入"命令，导入资源素材中的"素材及结果\9.2 制作光芒文字效果\光芒1.mp4"、"光芒2.mp4"、"遮罩.mp4"和"背景音乐.mp3"文件，如图9-24所示。

（3）导入图像序列。执行"文件|导入"命令，然后在弹出的"导入"对话框中双击图9-25所示的"梦幻粒子1__000"文件夹，接着选择"梦幻粒子1__000.png"，并勾选"图像序列"复选框，如图9-26所示，单击"打开"按钮，即可将图像序列导入"项目"面板，如图9-27所示。同理，再导入"梦幻粒子2__000.png"图像序列，如图9-28所示。

图 9-24 导入素材

图 9-25 双击"梦幻粒子1_000"文件夹

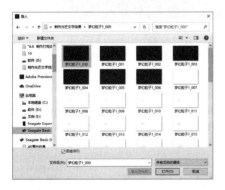

图 9-26 选择"梦幻粒子1_000.png"，并勾选"图像序列"复选框

图 9-27 导入"梦幻粒子1_000.png"图像序列

图 9-28 导入"梦幻粒子2_000.png"图像序列

2. 添加文字

（1）利用工具箱中的 ■（文字工具），在"节目"监视器中输入文字"Premiere Pro CC"，然后利用 ■（选择工具）选择输入的文字，如图9-29所示。

（2）执行"窗口|基本图形"命令，调出"基本图形"面板。然后在"基本图形"面板的"编辑"选项卡中将"字体"设置为Impact，"字体大小"设置为110.0，接着单击 ■（垂直居中对齐）和 ■（水平居中对齐）按钮，将文字居中对齐，如图9-30所示，效果如图9-31所示，此时"时间轴"面板V1轨道自动添加一个文字素材，如图9-32所示。

第9章 综合实例

图 9-29 选择输入的文字

图 9-30 设置文字属性

图 9-31 设置文字属性后的效果

图 9-32 V1 轨道自动添加一个文字素材

（3）将文字素材的持续时间设置为3秒。右击V1轨道上的文字素材，从弹出的快捷菜单中选择"速度/持续时间"命令，然后在弹出的"剪辑速度/持续时间"对话框中将"持续时间"设置为00:00:03:00，如图9-33所示，单击"确定"按钮。接着按【\】键，将其在时间轴中最大化显示，如图9-34所示。

图 9-33 将"持续时间"设置为 00:00:03:00

图 9-34 将文字素材在时间轴中最大化显示

3．制作梦幻粒子效果

（1）将"项目"面板中的"梦幻粒子1__000.png"拖到"时间轴"面板的V2轨道上，然后将"梦幻粒子2__000.png"拖到"时间轴"面板的V3轨道上，入点均为00:00:00:00，如图9-35所示，此时"节目"监视器的显示效果如图9-36所示。

（2）此时梦幻粒子在开始时和文字的位置并不匹配，下面就来解决这个问题。同时选择V2轨道上的"梦幻粒子1__000.png"素材和V3轨道上的"梦幻粒子2__000.png"素材，右击，从弹出的快捷菜单中选择"嵌套"命令，接着在弹出的图9-37所示的"嵌套序列名称"对话框中保持默认参数，单击"确定"按钮，此时"时间轴"面板如图9-38所示。最后选择"V2轨道上的"嵌套序列01"，在"效果控件"面板中将"位置"的数值设置为（1060.0，530.0），如图9-39所示，此时梦幻粒子在开始位置就和文字位置基本匹配了，如图9-40所示。

图 9-35 将梦幻粒子素材拖入 V2 和 V3 轨道

图 9-36 显示效果

图 9-37 "嵌套序列名称"对话框

图 9-38 "时间轴"面板

图 9-39 将"位置"的数值设置为（1060.0，530.0）

图 9-40 梦幻粒子和文字位置的位置匹配的效果

（3）按空格键进行预览，效果如图9-41所示。

图 9-41 预览效果

4．制作梦幻粒子扫过文字时文字逐渐显现的效果

（1）将时间定位在00:00:00:10的位置，然后将"项目"面板中的"遮罩.mp4"拖到"时间轴"面板的V3轨道上，入点为00:00:00:10，如图9-42所示。

图9-42 将"遮罩.mp4"拖到V3轨道上，入点为00:00:00:10

（2）此时按空格键预览，可以看到"遮罩.mp4"是一段白色区域逐渐扩展的视频，如图9-43所示。

图9-43 预览效果

（3）在"效果"面板的搜索栏中输入"轨道遮罩键"，如图9-44所示。然后将"轨道遮罩键"视频特效拖给V1轨道上的文字素材，接着在"效果控件"面板的"轨道遮罩键"特效中将"遮罩"设置为"视频3"，"合成方式"设置为"亮度遮罩"，如图9-45所示，此时拖动时间滑块就可以看到梦幻粒子扫过文字时文字逐渐显现的效果了，如图9-46所示。

图9-44 输入"轨道遮罩键"　　　　图9-45 设置"轨道遮罩键"特效的参数

图9-46 梦幻粒子扫过文字时文字逐渐显现的效果

（4）此时放大视图显示，会发现文字上会出现多余的黑色区域，如图9-47所示，这是因为遮罩位置不准确的原因。下面选择V3轨道上的"遮罩.mp4"素材，然后在"效果控件"面板中将"位置"的数值设置为（960.0，520.0），如图9-48所示，此时文字上多余的黑色区域就被去除了，如图9-49所示。

图 9-47 文字上出现多余的黑色区域　　图 9-48 将"位置"的数　　图 9-49 文字上多余的黑色区域被去除
　　　　　　　　　　　　　　　　　　　　值设置为（960.0，520.0）　　　　　　　　的效果

（5）此时拖动时间滑块，会发现文字在后面消失了，这是因为V3轨道上的"遮罩.mp4"素材长度不够的缘故，下面将时间定位在00:00:02:00的位置，然后利用工具箱中的 （剃刀工具）将V3轨道上的"遮罩.mp4"素材在00:00:02:00的位置一分为二，如图9-50所示。接着选择V3轨道00:00:02:00之后的"遮罩.mp4"素材，右击，从弹出的快捷菜单中选择"添加帧定格"命令，将其转换为静止的帧定格图片，最后将其出点设置为与V1轨道的文字素材等长，如图9-51所示。

图 9-50 将V3轨道上的"遮罩.mp4"素材在00:00:02:00的位置一分为二

图 9-51 将V3轨道上"遮罩.mp4"素材的出点设置为与V1轨道的文字素材等长

5．制作光芒效果

（1）将"项目"面板中的"光芒1.mp4"拖到"时间轴"面板V3轨道上方，此时软件会自动产生一个V4轨道，然后将"光芒1.mp4"的入点设置为00:00:00:10，如图9-52所示。

图 9-52 将"光芒1.mp4"拖到V4轨道上，入点为00:00:00:10

（2）此时拖动时间滑块，会发现画面中只会显示光芒，而不会显示下方的文字和梦幻粒子，如图 9-53 所示，下面就来解决这个问题。选择 V4 轨道上的"光芒 1.mp4"素材，然后在"效果控件"面板中将"不透明度"中的"混合模式"设置为"滤色"，如图 9-54 所示，此时就可以看到下方的文字和粒子效果了，如图 9-55 所示。

图 9-53 预览效果

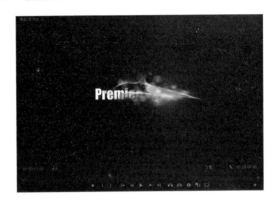

图 9-54 将"混合模式"设置为"滤色"　　图 9-55 将"混合模式"设置为"滤色"的效果

（3）此时光芒效果过于强烈，下面在"效果控件"面板中将"不透明度"的数值设置为 40.0%，如图 9-56 所示，效果如图 9-57 所示。

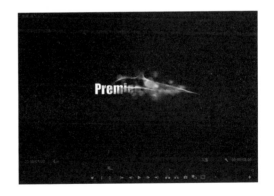

图 9-56 将"不透明度"的数值设置为 40.0%　　图 9-57 将"不透明度"的数值设置为 40.0% 的效果

（4）为了使光芒效果更加有层次，下面将"项目"面板中的"光芒 2.mp4"素材拖到"时间线"面板的 V4 轨道上方，此时软件会自动产生一个 V5 轨道，然后将"光芒 2.mp4"的入点设置为 00:00:00:10，如图 9-58 所示。接着在"效果控件"面板中将 V5 轨道上的"光芒 2.mp4"素材的"混合模式"设置为"滤色"，"不透明度"的数值设置为 20.0%，如图 9-59 所示，效果如图 9-60 所示。

（5）按空格键进行预览，效果如图 9-61 所示。

（6）至此，整个光芒文字效果制作完毕。执行"文件|项目管理"命令，将文件打包。然后执行"文件|导出|媒体"（快捷键【Ctrl+M】）命令，将其输出为"光芒文字效果.mp4"文件。

图 9-58　将"光芒 5.mp4"拖入 V5 轨道，入点为 00:00:00:10

图 9-59　设置"光芒 2.mp4"素材的"混合模式"和"不透明度"参数

图 9-60　设置"光芒 2.mp4"素材的"混合模式"和"不透明度"参数后的效果

图 9-61　预览效果

9.3　制作片尾滚动字幕效果

9.3 制作片尾滚动字幕效果

要点

本例将制作一个片尾滚动字幕效果，如图 9-62 所示。通过本例的学习，读者应掌握制作滚动字幕，给素材添加圆角边框、"嵌套"命令、"轨道遮罩键"、"垂直翻转"、"线性擦除"和"基本3D"视频特效的应用。

图 9-62　片尾滚动字幕效果

操作步骤

1. 导入素材

（1）启动 Premiere Pro CC 2018，执行"文件|新建|项目"（快捷键是【Ctrl+Alt+N】）命令，新建一个名称为"片尾效果"的项目文件。接着新建一个预设为"ARRI 1080p 25"的"序列01"序列文件。

（2）导入素材。执行"文件|导入"命令，导入资源素材中的"素材及结果\9.3 制作片尾滚动字幕效果\素材.mp4"文件，如图9-63所示。

（3）将"项目"面板中的"素材.mp4"拖入"时间轴"面板的V2轨道中，入点为00:00:00:00，此时"节目"监视器的显示效果如图9-64所示。然后按【\】键，将其在时间轴中最大化显示，如图9-65所示。

图9-63　导入素材

图9-64　"节目"监视器的显示效果

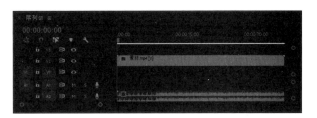

图9-65　将"素材.mp4"在时间轴中最大化显示

2. 给视频素材添加一个白色圆角边框

（1）执行"文件|新建|旧版标题"命令，然后在弹出的"新建字幕"对话框中保持默认参数，如图9-66所示，单击"确定"按钮，进入"字幕01"的字幕设计窗口，如图9-67所示。

图9-66　"新建字幕"对话框

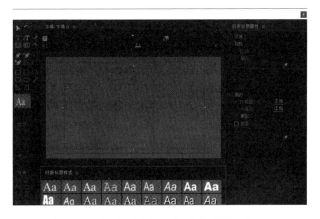

图9-67　进入"字幕01"的字幕设计窗口

（2）选择"字幕工具"面板中的▇（圆角矩形工具），然后在"字幕面板"编辑窗口绘制一个圆角矩形，接着在"旧版标题属性"面板中将"圆角大小"设置为5.0%，如图9-68所示。

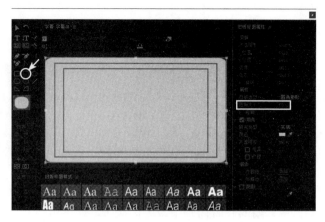

图 9-68 进入"字幕 01"的字幕设计窗口

（3）单击字幕设计窗口右上角的 按钮，关闭字幕设计窗口。然后将"项目"面板中的"字幕 01"拖入"时间轴"面板的V3轨道，入点为00:00:00:00，接着将其长度设置为V2轨道上的"素材.mp4"素材等长，如图9-69所示。此时"节目"监视器的显示效果如图9-70所示。

图 9-69 将"字幕 01"的长度设置为 V2 轨道上的"素材 .mp4"素材等长

图 9-70 "节目"监视器的显示效果

（4）在"效果"面板的搜索栏中输入"轨道遮罩键"，如图9-71所示。然后将"轨道遮罩键"视频特效拖到V2轨道上的"素材.mp4"素材。接着在"效果控件"面板"轨道遮罩键"特效中将"遮罩"设置为"视频3"，如图9-72所示，此时在"节目"监视器中就可以看到视频素材出现了圆角效果，如图9-73所示。

图 9-71 输入"轨道遮罩键"　　图 9-72 将"遮罩"设置为"视频 3"　　图 9-73 视频素材出现了圆角效果

（5）按住【Alt】键，将V3轨道上的"字幕01"复制到V1轨道中，如图9-74所示。

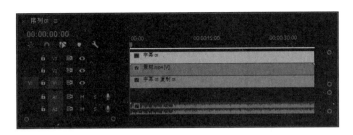

图9-74　将V3轨道上的"字幕01"复制到V1轨道中

（6）选择V3轨道上的"字幕01"，然后在"效果控件"面板中将"缩放"的数值设置为99.0%，如图9-75所示，此时视频素材就会产生一个白色圆角边框，如图9-76所示。

图9-75　将"缩放"的数值设置为99.0%　　　　　图9-76　白色圆角边框效果

3. 制作视频的倒影效果

（1）同时选择V1～V3轨道上的素材，右击，从弹出的快捷菜单中选择"嵌套"命令，接着在弹出的图9-77所示的"嵌套序列名称"对话框中保持默认参数，单击"确定"按钮，此时"时间轴"面板如图9-78所示。

 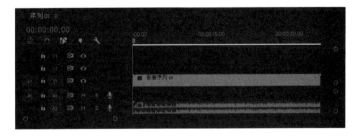

图9-77　"嵌套序列名称"对话框　　　　　图9-78　"时间轴"面板

（2）选择V1轨道上的"嵌套序列01"，然后在"效果控件"面板中将"缩放"的数值设置为40.0，"位置"的数值设置为（560.0，400.0），如图9-79所示，此时"节目"监视器的显示效果如图9-80所示。

（3）按住【Alt】键，将V1轨道上的"嵌套序列01"复制到V2轨道中，如图9-81所示。

（4）在"效果"面板的搜索栏中输入"垂直翻转"，如图9-82所示。然后将"垂直翻转"视频特效拖到V2轨道上的"嵌套序列01"，接着在"效果控件"面板中将"位置"的数值设置为（560.0，

835.0），如图9-83所示，此时在"节目"监视器中就可以看到倒影效果了，如图9-84所示。

图9-79　设置"嵌套序列01"的"缩放"和"位置"参数

图9-80　"节目"监视器的显示效果

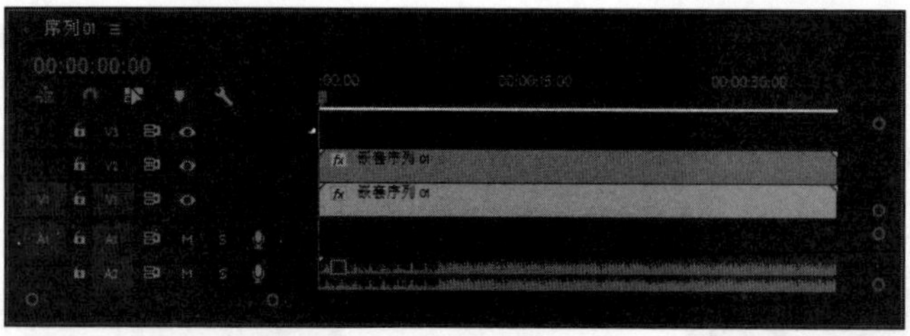

图9-81　将V1轨道上的"嵌套序列01"复制到V2轨道中

图9-82　输入"垂直翻转"

图9-83　将"位置"的数值设置为（560.0，835.0）

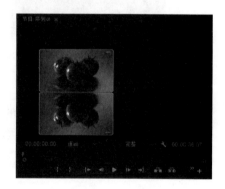

图9-84　倒影效果

（5）执行倒影的模糊效果。在"效果"面板的搜索栏中输入"线性擦除"，如图9-85所示。然后将"线性擦除"视频特效拖到V2轨道上的"嵌套序列01"，接着在"效果控件"面板"线性擦除"特效中将"过渡完成"设置为70%，"擦除角度"设置为360。（此时软件会自动将数值转换为1×0.0。），"羽化"数值设置为1500.0，如图9-85所示，此时在"节目"监视器中就可以看到倒影的模糊效果了，如图9-86所示。

4．制作视频素材的倾斜效果

（1）同时选择V1和V2轨道上的"嵌套序列01"，右击，从弹出的快捷菜单中选择"嵌套"命令，接着在弹出的图9-87所示的"嵌套序列名称"对话框中保持默认参数，单击"确定"按钮，此时"时间轴"面板如图9-88所示。

（2）在"效果"面板的搜索栏中输入"基本3D"，如图9-89所示。然后将"基本3D"视频特效拖到V1轨道上的"嵌套序列02"，接着在"效果控件"面板的"基本3D"特效中将"旋转"的数值设置为-40.0°，如图9-90所示，此时在"节目"监视器中就可以看到倒影效果了，如图9-91所示。

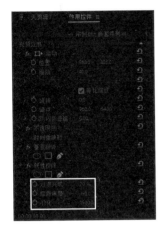

图9-85 倒影效果设置

图9-86 倒影的模糊效果

图9-87 "嵌套序列名称"对话框

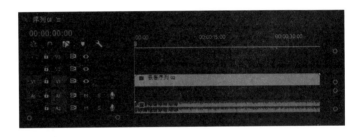

图9-88 "时间轴"面板

图9-89 输入"基本3D"

图9-90 将"旋转"的数值设置为-40.0

图9-91 倒影效果

5．制作画面右侧从下往上滚动的字幕效果

（1）打开资源素材中的"素材及结果\9.3 制作片尾滚动字幕效果\文字.txt"文件，如图9-92所示。然后按【Ctrl+A】组合键全选文字，再按【Ctrl+C】组合键进行复制。

（2）回到Premiere Pro CC 2018，执行"文件|新建|旧版标题"命令，在弹出的"新建字幕"对话框中保持默认参数，如图9-93所示，单击"确定"按钮，进入"字幕01"的字幕设计窗口。接着选择"字幕工具"面板中的 T（文字工具），在"字幕面板"编辑窗口单击，再按【Ctrl+V】组合键粘贴文字。最后在"旧版标题属性"面板中将"字体系列"设置为"思源黑体旧字形"，"字体大小"

设置为 50.0，"行距"设置为 40.0，效果如图 9-94 所示。

（3）设置文字从下往上的滚动效果。在字幕设计窗口中单击上方的 ▣（滚动/游动选项）按钮，从弹出的"滚动/游动选项"对话框中单击"向左游动"，再勾选"开始于屏幕外"和"结束于屏幕外"复选框，如图 9-95 所示，单击"确定"按钮。

图 9-92　文字 .txt

图 9-93　"新建字幕"对话框

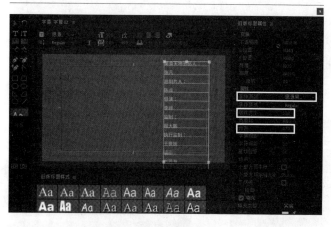

图 9-94　设置文字属性

图 9-95　设置"滚动/游动选项"参数

（4）单击字幕设计窗口右上角的 ▣ 按钮，关闭字幕设计窗口。

（5）将"项目"面板中的"字幕 02"素材拖到"时间轴"面板的 V2 轨道上，并将其长度设置为与 V1 轨道的素材等长，如图 9-96 所示。

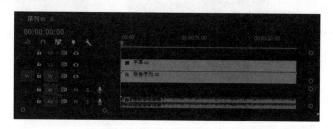

图 9-96　将"字幕 02"素材拖到"时间轴"面板的 V2 轨道上，并将其长度设置为与 V1 轨道的素材等长

（6）按空格键进行预览，效果如图 9-97 所示。

图 9-97　预览效果

（7）至此，整个片尾滚动字幕效果制作完毕。执行"文件|项目管理"命令，将文件打包。然后执行"文件|导出|媒体"（快捷键【Ctrl+M】）命令，将其输出为"片尾滚动字幕效果.mp4"文件。

课后练习

1. 利用资源素材中的"素材及结果\课后练习\第9章\练习1\打字声音.wav"文件，制作伴随着声音的打字效果，如图9-98所示。结果可参考资源素材中的"素材及结果\第9章 综合实例\课后练习\练习1\练习1.prproj"文件。

图 9-98　练习 1 的效果

2. 利用资源素材中的"素材及结果\课后练习\第9章\练习2\分层文字.psd"、"music.wav"、"红叶1.jpg"、"红叶2.jpg"、"文字1.jpg"和"文字2.jpg"素材，制作配乐诗词效果，如图9-99所示。结果可参考资源素材中的"素材及结果\第9章 综合实例\课后练习\练习2\练习2.prproj"文件。

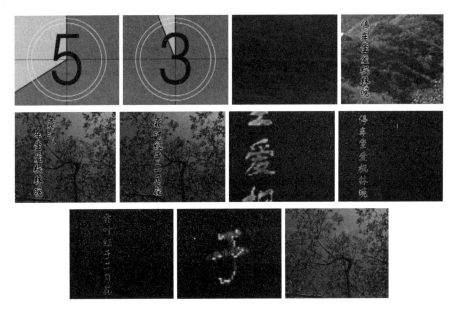

图 9-99　练习 2 的效果

常用快捷键 附录

命令	对应快捷键	命令	对应快捷键
新建项目	【Ctrl+Alt+N】	打开项目	【Ctrl+O】
导入文件	【Ctrl+I】	新建序列	【Ctrl+N】
将素材在时间线中最大化显示	【\】	放大时间线的显示	【+】
缩小时间线的显示	【-】	放大\缩小视频轨道	【Ctrl+ + \ -】
放大\缩小音频轨道	【Alt + + \ -】	同时放大\缩小视音频轨道	【Shift+ + \ -】
标记入点	【I】	标记出点	【O】
转到入点	【Shift+I】	转到出点	【Shift+O】
向后移动一帧	【→】	向前移动一帧	【←】
向后移动5帧	【Shift+→】	向前移动5帧	【Shift+←】
添加默认的视频过渡	【Ctrl+D】	添加默认的音频过渡	【Ctrl+Shift+D】
同时添加默认的视频和音频过渡	【Shift+D】	在时间线中转到下一个素材的起始位置	【↓】
在时间线中转到上一个素材的起始位置	【↑】	转到序列第1帧	【HOME】
转到序列最后一帧	【END】	添加标记	【M】
删除所选标记	【Ctrl+Alt+M】	删除所有标记	【Ctrl+Alt+Shift+M】
选择工具	【V】	剃刀工具	【C】
文字工具	【T】	抓手工具	【H】
波纹编辑工具	【B】	比例拉伸工具	【R】
将选中的面板在窗口中最大化显示	【Shift+ ~】	导出设置	【Ctrl+M】